纺织服装类"十四五"部委级规划教材

数 智 时 尚 系 列 丛 书

U0560979

AIGC
虚拟时尚设计基础

薛小博　著

东华大学出版社

·上海·

图书在版编目（CIP）数据

AIGC 虚拟时尚设计基础 / 薛小博著 . -- 上海 : 东
华大学出版社 , 2025. 1. -- ISBN 978-7-5669-2512-1

Ⅰ . TS941.2-39

中国国家版本馆 CIP 数据核字第 2025A9D991 号

策划编辑　徐建红
责任编辑　杜燕峰
封面设计　薛小博

出　　　版：东华大学出版社（上海市延安西路 1882 号，200051）
本 社 网 址：dhupress.dhu.edu.cn
天猫旗舰店：http://dhdx.tmall.com
营 销 中 心：021-62193056　62373056　62379558
印　　　刷：上海颛辉印刷厂有限公司
开　　　本：889mm×1194mm　1/16
印　　　张：8.5
字　　　数：300 千字
版　　　次：2025 年 1 月第 1 版
印　　　次：2025 年 1 月第 1 次印刷
书　　　号：ISBN 978-7-5669-2512-1
定　　　价：87.00 元

《数智时尚系列丛书》编委会

主　编　王朝晖（东华大学）
　　　　刘　郴（浙江凌迪数字科技有限公司）

副主编　刘凯旋（西安工程大学）
　　　　吴　俊（上海视觉艺术学院）
　　　　罗　密（江西服装学院）
　　　　丁　玮（大连工业大学）
　　　　辛斌杰（上海工程技术大学）

编　委　刘晓强（东华大学）
　　　　傅　炯（上海交通大学）
　　　　杨青青（上海戏剧学院）
　　　　刘丽娴（浙江理工大学）
　　　　张　宁（江西服装学院）
　　　　刘玉琪（中央美术学院）
　　　　邵新艳（北京服装学院）
　　　　胡潮江（江西服装学院）
　　　　薛小博（上海视觉艺术学院）
　　　　解鸿远（大连工业大学）
　　　　杨天奇（上海视觉艺术学院）
　　　　安　博（华东师范大学）
　　　　王竹君（安徽工程大学）
　　　　杜　明（东华大学）
　　　　许才国（宁波大学）
　　　　王　涛（壹矜时尚教育）
　　　　马建栋（北京服装学院）
　　　　黄　伟（江西服装学院）
　　　　刘偲毓（壹矜时尚教育）
　　　　肖　平（东华大学）
　　　　尹　枫（东华大学）
　　　　张　颖（东华大学）
　　　　刘　夙（上海视觉艺术学院）
　　　　李林臻（上海视觉艺术学院）
　　　　刘　众（上海视觉艺术学院）
　　　　朱旭琪（北京清博智能科技有限公司）
　　　　吴　龙（西安工程大学）
　　　　文淑丽（江西服装学院）
　　　　张海军（江西服装学院）
　　　　李琳琳（江西服装学院）
　　　　尤可可（北京石油化工学院）
　　　　曾　丽（广州市纺织服装职业学校）
　　　　唐吉群（广州市纺织服装职业学校）

目 录

参考文献

[1] 付强. 视觉设计基础教学研究[M]. 北京: 中国纺织出版社有限公司, 2024.

[2] T L. Williams. Dress and Society: A Historical Introduction[M]. London: Bloomsbury Publishing, 2019.

[3] V.Steele. Encyclopedia of Clothing and Fashion[M]. Manhattan: Charles Scribner's Sons，2005.

[4] OpenAI. Introduction to Stable Diffusion [EB/OL]. (2024-05-10). [2024-08-25]. [OpenAI官方网站].

[5]   CompuServe. The History of Online Fashion Design [EB/OL]. (2021-03-15). [2024-08-25]. [CompuServe 官方资源].

[6] 王群, 高松. 数字服装画技法 [M]. 北京: 高等教育出版社, 2010.

[7] 郭瑞良, 姜延, 马凯. 服装三维数字化应用[M]. 上海: 东华大学出版社, 2020.

[8] 项敢. CORELDRAW&PHOTOSHOP时装设计表现[M]. 北京: 中国纺织出版社, 2008.

[9] 李旭. 服装数字化技术基本特征分析[J]. 纺织学报, 2005 (5): 140-142，145.

[10] 段然, 刘晓刚. 少数民族服饰元素在数字化服装设计中的运用 [J]. 贵州民族研究, 2016, 37 (10): 127-130.

[11] 丰蔚, 葛星, 程静怡. 数码服装设计表现[M]. 北京: 中国纺织出版社有限公司, 2024.

[12] 李敏, 张营利, 胡宁. 数字化技术在服装行业中的应用[J]. 针织工业, 2011 (3): 59-61.

[13] 孔令奇, 梁佳雪. 近代中原民间女婚服实证分析与CLO3D数字化复原[J]. 纺织科技进展, 2024, 46 (03): 41-47, 51.

第 **1** 章

AIGC基础

第一节 AIGC简述

一、AIGC概述

（一）AIGC的发展阶段

AIGC—Artificial Intelligence Generated Content，即我们所说的人工智能生成内容，其历史可以简要地划分为以下几个关键阶段。

1. 早期萌芽阶段（20世纪50年代至90年代中期）

起源与初探：AIGC的雏形出现在20世纪50年代，当时科学家们开始研究如何将人工智能技术应用于控制系统中。早期的AIGC系统主要基于逻辑推理和规则系统，用于解决一些简单的控制问题。

技术限制：由于技术条件的限制，AIGC在这一阶段的应用非常有限，主要限于小范围的实验和研究。例如，1957年出现了首支由电脑创作的音乐作品《依利亚克组曲(Illiac Suite)》。

2. 沉淀累积阶段（20世纪90年代至21世纪10年代中期）

技术突破：随着计算机技术和人工智能技术的发展，

AIGC系统的性能和功能得到了显著提升。专家系统、神经网络和遗传算法等人工智能技术的引入，使得AIGC能够处理更加复杂的控制问题。

应用拓展：AIGC开始逐渐应用于更多领域，如新闻稿件的自动生成、音乐创作等。然而，由于高成本和难以商业化，AIGC在这一阶段的资本投入有限，因此未能取得显著的市场突破。

标志性事件：2006年深度学习算法的进展，为AIGC的发展奠定了重要基础。同时，GPU、CPU等算力设备的精进和互联网的快速发展，为各类人工智能算法提供了海量数据进行训练。2007年，首部由AIGC创作的小说《在路上》(On The Road)问世。

3. 快速发展阶段（21世纪10年代中期至今）

技术飞跃：随着深度学习技术的兴起，特别是生成式对抗网络（GAN）、变分自编码器（VAE）等模型的推出和迭代更新，AIGC系统的学习和优化能力得到了极大提升，这使得AIGC能够生成更加复杂、高质量的内容，如图像、视频、文本等。

（二）AIGC的应用

AIGC 技术的应用范围非常广泛，涵盖了文本、图像、音频、视频等多个领域。

1. 文本生成

内容类型包括文章、新闻报道、小说、诗歌、对话、技术文档等，对应软件或平台有以下几类。

GPT 系列（如 GPT-3、GPT-4）：由 OpenAI 开发，广泛应用于文本生成领域，能够生成各种类型的文本内容。

CopyGenius：一款写作助手 AIGC 软件，利用自然语言处理技术帮助用户快速生成高质量的文案和营销内容。

印象笔记：除了笔记功能外，其 AIGC 功能可以对笔记内容进行整理，甚至生成简要的"笔记提纲"。

图像生成：内容类型包括逼真的人脸图像、风景、建筑、角色设计等，对应软件或平台有以下几类。

StyleGAN 系列：生成对抗网络（GANs）技术的一种应用，可以生成高度真实性的图像。

DALL-E：能够将文本描述转换为相应的图像。

Pixso AI：集成强大的 AI 生图能力，输入简单文本即可生成对应内容的图片。

ArtCreativity：为艺术家提供创作灵感，自动生成各种独特的艺术作品和风格。

Stable Diffusion：一款先进的图像生成模型，基于扩散模型技术，能够生成高度逼真和多样化的图像，包括人脸、风景、建筑和角色设计等。

2. 音频生成

内容类型包括自然、流畅的语音、音乐旋律、和声等，对应软件或平台有一下几类。

Tacotron 和 WaveNet（谷歌）：用于语音合成，将文本转换为逼真的语音。

Music Transformer（Magenta 项目）：基于深度学习的音乐生成模型，可以创作出具有美感的音乐作品。

MelodyMaker：为音乐创作爱好者提供 AI 音乐生成算法，根据喜好和风格自动生成音乐作品。

3. 视频生成

内容类型包括逼真的虚拟人物动画、视频剪辑、短视频生成等，对应软件或平台有以下几类。

Runway：全功能的 AI 视频编辑应用，可以创建完全合成的电影。

Sora by OpenAI：文本到视频模型，可以生成长达一分钟的视频。

DeepBrain AI：提供 AI 视频合成技术，创建逼真的虚拟人物视频。

剪映：视频编辑应用，提供 AI 驱动的文本到视频转换功能。

Lumen5：基于 AI 的视频制作平台，专注于将文本内容转换为视频。

Pictory：使用 AI 技术将长篇文章或博客转换成短视频。

二、 扩散模型初探及其在AIGC中的应用

（一）扩散模型的定义

扩散模型（Diffusion Models）是一类在深度学习中广泛应用的生成模型，主要用于对复杂数据分布进行建模和采样。其核心思想是通过模拟数据的逐步变化过程，从一种初始状态（如随机噪声）逐渐演化到目标数据分布，从而实现高质量的数据生成。

（二）扩散模型的背景与原理

扩散模型的概念最早起源于统计物理学中的扩散过程理论，如墨水在水中的扩散，随后被引入到机器学习和深度生成模型中。其基本原理包括正向扩散过程和逆向生成过程。

1. 正向扩散过程

这一过程模拟了数据从原始分布逐渐转化为高斯噪声分布的过程。具体来说，从初始数据开始，通过一系列逐步添加噪声的步骤，使数据逐渐复杂化，最终接近高斯噪声分布。每一步添加的噪声量由预设的噪声调度策略决定。

2. 逆向生成过程

与正向过程相反，逆向过程学习如何从纯噪声中逐步恢复出原始数据。通过训练一个参数化模型，使模型能够逐步去除噪声，通过一系列逆步骤"去噪"，最终生成接近原始数据分布的样本。这一逆过程涉及复杂的概率分布估计，需要确保生成的样本具有高保真度和多样性。

在 AIGC 算法方面，我们采用的 Stable Diffusion 是一个稳定扩散的模型，其运行核心思想主要基于扩散模型的思想，即前向扩散过程 (Forward Diffusion Process) 和反向扩散过程 (Reverse Diffusion Process)。训练过程对应前向扩散过程，即把噪声持续加入到图片中的过程；推理过程对应反向扩散过程，即把噪声持续去除的过程。

扩散模型应用示意

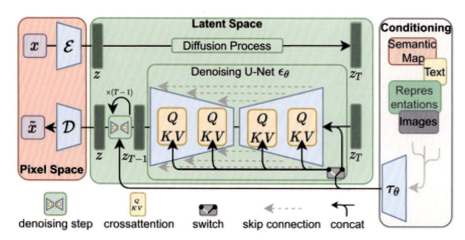

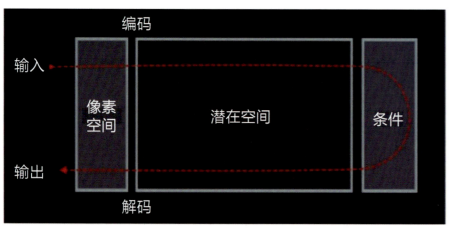

扩散模型的背景与原理

第二节　AIGC工具介绍

扫码观看视频

一、FOOOCUS

在当今快速发展的虚实时尚设计领域，技术与创意的结合是不可或缺的。而 Fooocus，一款基于人工智能的先进设计工具，正成为设计师和教育者的得力助手。Fooocus 专注于通过 AI 算法优化设计流程，为虚拟与现实时尚设计提供高效解决方案。

在数字服装的模拟展示方面，Fooocus 都能以其强大的处理能力和精准的预测功能，为设计师省时间并提升作品质量。此外，Fooocus 还支持跨平台协作，使虚实结合的设计在不同媒介上无缝衔接。

教育者可以利用 Fooocus 进行课程设计与演示，而学生则能通过这款工具快速掌握数字化设计技能，培养创新思维。随着技术的不断进步，Fooocus 将为虚实时尚设计注入更多可能性，为行业发展贡献力量。

（一）Fooocus云端搭建环境与运行

Fooocus 是基于 Stable Diffusion XL（SDXL）模型运行的。

XL 版本模型 Stability AI 在 2023 年 7 月底推出的新一代文本到图像生成模型，参数量达到了 10B（101 亿）。庞大的参数量就意味着使用它生成图片时也会消耗比较大的计算资源，所以该模型对显卡的显存和 GPU 也有了较高的要求。如果想在 Fooocus 中有较流畅的生图体验，至少需要配备拥有 8GB 显存的显卡。

由于成本和使用场景的问题，大多数人都不会购买搭载了 8GB 显卡的电脑，一般 2G 或者 4G 显存的独立显卡就足以应付日常和工作中的大多数使用场景了。但随着 AI 技术的不断发展，AI 模型对算力的要求越来越高，于是专门提供 GPU 算力服务的算力平台如雨后春笋般出现了。

所谓的 GPU 算力平台，和传统的云计算平台比较相似，是以租赁或者托管的方式让用户可以随时随地的使用云端服务器。只不过 GPU 算力平台的服务器会挂载不同性能的显卡，而云计算平台的服务器一般都不会挂载显卡。

笔者在这里向读者推荐一个国内的 GPU 算力平台，AutoDL。笔者使用该平台已有两年，该平台算力充足，运行稳定，租赁方式很灵活，价格也亲民。最重要的是，它的社区镜像比较丰富，一般是由专业开发人员封装的环境拷贝，经平台审核后，提供给所有人免费使用。镜像作者会定期更新镜

SDXL

GPU服务器

AutoDL官网

像的版本。用户可以直接使用最新的镜像来搭建环境，省时省力。接下来笔者带领大家从零搭建 Fooocus 的云端环境。

第一步：登录 AutoDL 平台开通账号

AutoDL 平台网址是 www.autodl.com，我们打开浏览器进入该平台。

点击右上角的立即注册按钮，进入注册页面。

完成注册后，登录账号进入控制台面板。

AutoDL注册页面

AutoDL控制台面板

创建实例

计费方式

第二步：创建容器实例

点击左侧菜单中的容器实例，进入容器实例列表页面。读者对容器实例的概念可能有点陌生，你可以把它简单地理解为服务器或者电脑。在这里租用实例，有点像以前我们去网吧上网，让前台给我们开一台空闲的电脑。不过这台电脑在我们下机以后，就会自动重置系统，清空硬盘上我们的操作记录或者保存的文件。而容器实例会完整地保存我们的所有操作和文件。你可能会对我这个网吧的比方有点莫名其妙，请不要着急，在租用了第一个新实例以后，你就会明白所谓算力服务的商业本质了。

点击列表左上角的"租用新实例"按钮，进入创建实例页面。这个页面略微复杂一些，但如果你把它当成在网吧前台开机器就很好理解了。

首先，你要告诉网管，你要上机多长时间，是几天、几周还是几个月，或者不确定。不确定一般就是临时开一下，肯定用不了一天，那就选默认的"按量计费"。按量计费是根据服务器的配置，用多少时间就扣多少钱，非常灵活。

接下来，我们就要和网管沟通这次上网想用的电脑配置了。前面说过，Fooocus 对显卡的要求是显存不低于 8GB。但实际上随着硬件的更新迭代，AutoDL 算力平台上的显卡一般都是 20G 以上的。现在唯一的问题可能是，这个"算力网吧"白天往往人头攒动，或者说暂时配置稍微低一些的显卡总是被其他人优先占用了。

这两年，平台的算力在不断增加，他们在多个地区部署了机房。我们可以在多个地区进行切换，去寻找一个配置不需要太高的服务器（列表中第二列里面的显存是配置高低的关键指标）。下面，我们找到了一台位于西北 B 区的服务器，搭载的是 RTX3080 显卡，上面有一个空闲的 GPU 可以租用。看一下最后一列的价格，还是比较划算的。

创建实例的最后一步就是选择社区镜像了。这有点像我们去网吧玩一款很冷门的游戏，当你点击游戏图标时，会先有个下载游戏的过程。网管是没办法把所有的游戏都提前安

选择服务器

装到每台电脑上的。

算力平台面向的是利用 GPU 算力进行各种 AI 研究和工作的人。不同的场景会对应不同的 AI 项目、AI 模型以及数据集。AutoDL 的社区中，会有专业人士把常用的项目封装成一个个镜像文件，上传到平台。经审核后，这些镜像会作为"社区镜像"统一存储。"基础镜像"是一些更基础的 AI 项目，是由平台封装提供的；而"我的镜像"是用户自己保存的备份，只有自己能看到。

我们在第一次创建实例的时候，只要选择项目对应的镜像文件，就能在创建实例的同时，下载这个镜像文件，快速实现环境搭建。下面我们就选择"社区镜像"，并在搜索框中输入"Fooo"触发自动搜索弹框。

在弹框的列表中，点击第一个镜像按钮（认准作者 tzwm），会弹出版本选择框，有两个版本，选择最新的版本。

上面的操作都做好以后，就可以点击右下角的"立即创建"按钮了。不过要补充一句，新账号需要充值一定金额才能创建成功（不少于容器实例租用一个小时的费用）。这里就不再展示充值流程了。

实例创建后，就会返回到容器实例列表页面。其中第二列的状态会显示创建的进度，这个是由镜像文件的下载速度决定的。

基础镜像–社区
镜像–我的镜像

Fooocus镜像

确认费用

实例创建中

第三步：启动实例

在实例创建成功后，点击最后一列"操作"列的"开机"，然后倒数第二列"快捷工具"会出现 4 个新的功能按钮：JupyterLab、AutoPanel、实例监控、自定义服务。由于服务器使用的是 Linux 系统，我们需要通过 JupyterLab 远程登录服务器，并启动 Fooocus。

点击 JupterLab 后，浏览器会打开一个新的窗口，在这个页面偏上部的工具栏中找到一个快进符号，点击后会出现弹窗。

然后点击"重新启动"就可以启动 Fooocus 了。

第一次启动会自动下载一些模型文件。稍等一下，下载速度很快。

滚动鼠标，看到最后出现"http://localhost:6006/ or 0.0.0.0:6006"就说明 Fooocus 已经启动好了，可以访问了。

运行实例

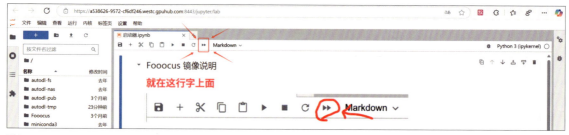

进入JupyterLab

重新启动

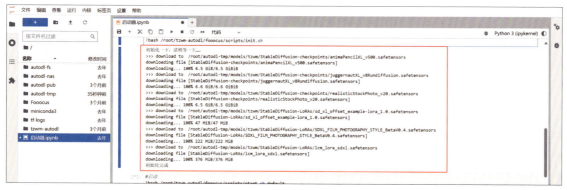

首次启动下载模型

第四步：访问实例

Fooocus 正常启动以后，就会提供一个 url 链接，比如刚才看到的"http://localhost:6006"。如果是本地安装部署的情况下，把这个 url 链接输入到浏览器中就可以进入 Fooocus 了。

Autodl 平台为了防止出现恶意或非法使用的情况，限制了个人用户对实例环境的访问权限。也就是说，我们个人用户启动的 Fooocus 环境，需要先启动 SSH 模块才能在浏览器中访问。

点击倒数第二列"快捷工具"中最下面的自定义服务，会出现一个弹窗，讲解了如何在本地启动 SSH 服务。

Windows 用户请打开 CMD 或者 Powershell，Mac/Linux 用户请打开终端，执行弹窗中的命令（ssh 开头的那一段）；回车后如果询问 yes/no，请输入 yes，然后回车；接着就需要输入密码（粘贴后并不会出现星号的密码，命令行中输入密码就是这样，不会显示任何内容，直接回车即可）。

输入密码回车后无任何其他输出则为正常，如显示 Permission denied 则可能是密码粘贴失败，请手动输入密码（Win10 终端易出现无法粘贴密码问题）。

如果回车后什么都没显示，就表示 SSH 开通成功了，可以在本地浏览器打开 http://localhost:6006 访问 Fooocus。

启动成功

个人用户自定义服务　　　　　　　　　　命令行开通SSH

（二）Fooocus的基础操作与应用技巧

Fooocus 是一款简洁而强大的 AI 绘画工具，其基础操作非常直观易用。用户只需输入提示词，点击生成按钮，即可快速获得高质量的图像作品。Fooocus 的界面设计简洁，避免了复杂的参数调节，让用户能够更专注于提示词和图像的创作。此外，它还支持图像放大、局部重绘等功能，进一步丰富了用户的创作手段。

它内置了上百种预设风格，包括写实、动漫、水彩等多种艺术效果，用户可以轻松生成多样化、艺术化的图像。同时，Fooocus 还具备高效的图片处理能力，支持图像的放大、修复和局部重绘等操作，让用户能够轻松调整和完善作品。此外，Fooocus 还支持与其他绘画软件的模型共享，进一步提升了其灵活性和扩展性。

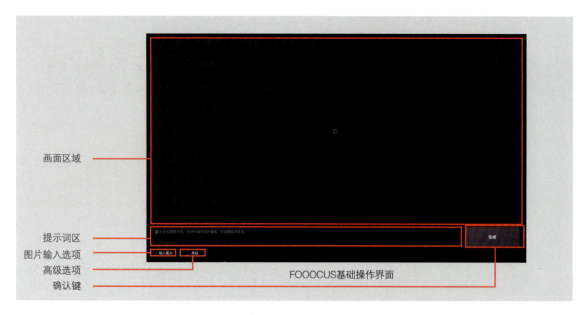

画面区域

提示词区
图片输入选项
高级选项
确认键

FOOOCUS基础操作界面

在基础界面下，用户只需在输入框中输入提示词"A piece of high-end customized clothing"，即可默认生成一张高级定制服装图片。

勾选高级选项后，可查看 Fooocus 的高级界面，界面设计简洁。顶部菜单栏设置模块下，第一列为模式选择，包括速度优先、质量优先、极速模式。接下来的尺寸与宽高比设置用于调整画面比例与尺寸，提供常用默认尺寸。出图数量可设置每批次生成的图片数量，默认为两张，可自定义为四张或更多。反向提示词允许输入不希望出现的内容。随机种子可使用系统随机生成或设定固定数字，具体将在后续案例中讲解。

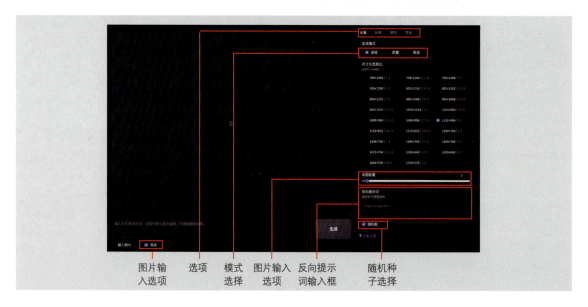

图片输   选项   模式   图片输入   反向提示   随机种
入选项   选择   选项   词输入框   子选择

顶部菜单栏风格模式为用户提供了多样化的艺术风格选择功能。在此模式下，用户可以根据个人需求或喜好，选择适合的艺术风格来应用于内容，旨在满足不同的视觉表达和创作需求。

默认情况下，系统预选了Fooocus V2、Fooocus增强和Fooocus清晰这三种艺术风格，它们分别代表了不同的视觉效果和增强处理，为用户提供了一个良好的起点。

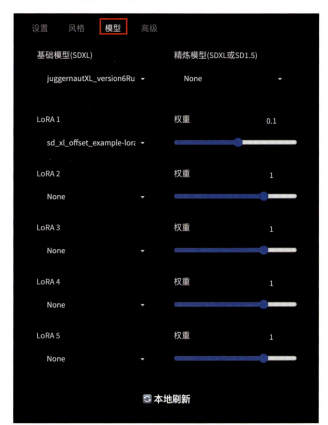

在选择艺术风格时，用户可以同时选择多种风格进行叠加或比较，以获得更加丰富和独特的视觉效果。然而，在做出选择时，也需要考虑画面效果和视觉效果的协调性。过多的艺术风格叠加可能会造成画面元素的混乱，影响整体的视觉体验和信息的清晰传达。

因此，虽然艺术风格的选择为用户提供了广泛的创作自由，但也需要注意适度，避免过度装饰导致画面混乱，确保最终的视觉效果既符合创作意图，又能保持良好的观赏体验。

（三）Fooocus的模型

在Fooocus中的模型菜单栏下，其模型菜单中包含了多种模型选项，以满足用户在不同场景下的创作需求。

1. 基础模型（SDXL）

基础模型是Fooocus中的核心模型之一，它采用了SDXL技术。SDXL是一种先进的深度学习模型，具有强大的图像生成能力。作为基础模型，它为用户提供了一个稳定、可靠的图像生成基础，能够生成高质量、多样化的图像内容。无论是风景、人物还是抽象艺术，基础模型都能够应对自如，为用户提供一个广阔的创作空间。

2. 精炼模型（SDXL 或 SD1.5）

精炼模型是Fooocus中针对特定需求进行优化的模型。它可以选择SDXL或SD1.5技术。这些精炼模型在基础模型的基础上进行了进一步的生成和采样，以提高在特定场景下的图像生成质量。例如，对于需要更高细节和清晰度的图像，用户可以选择使用SDXL精炼模型；而对于需要更快生成速度的场景，SD1.5精炼模型则是一个不错的选择。精炼模型的存在，使得Fooocus能够更加灵活地应对不同的创作需求。

3.LoRA 模型

LoRA模型是Fooocus中的一种轻量级模型，它专注

于在保持较高图像质量的同时，降低模型的复杂度和计算需求。这使得LoRA模型在资源有限或需要快速响应的场景下具有显著优势。例如，在移动设备上使用Fooocus进行创作时，LoRA模型可以实现特定的风格和指定的IP内容的同时，用这些风格或内容的图片进行快速训练而得到小模型。

（四）Fooocus的高级功能设置

在Fooocus中的高级菜单栏下，引导系数CFG和采样锐度是高级菜单中的两个重要功能。以下是对这两个功能的详细介绍：

1. 引导系数 CFG

引导系数CFG（Classifier Free Guidance）是Fooocus中一个关键的参数，它用于控制生成图像与给定提示（如文本描述）之间的匹配程度。简单来说，CFG的值越高，生成的图像就越符合用户给出的提示，但同时也可能增加图像的奇异性和不真实性。相反，如果降低CFG的值，生成的图像将更

加多样化，但可能与用户给出的提示不太匹配。因此，通过调整 CFG 的值，用户可以在图像的真实性和多样性之间找到一个平衡点。

2. 采样锐度

采样锐度是 Fooocus 中用于控制图像清晰度和细节程度的参数。在生成图像时，采样锐度的高低会直接影响图像的视觉效果。较高的采样锐度可以生成更加清晰、细节丰富的图像，但也可能导致图像过于锐利，出现噪点或失真。相反，较低的采样锐度会生成更加柔和、平滑的图像，但可能缺乏细节和清晰度。因此，用户需要根据具体的创作需求和视觉效果要求来调整采样锐度的值。

勾选 Fooocus 下方的输入图片后，将会出现四个功能菜单。

增强与变化：此菜单提供了对图片进行视觉增强和风格变化的功能，为图片添加不同的艺术效果。

图片提示：在这里，用户可以提供参考图片，这些提示将作为 AI 绘画的灵感来源，帮助生成与图片内容或氛围相匹配的绘画作品。

图片重绘：使用此菜单，用户可以重新绘制或改造输入的图片。它允许用户改变图片的风格、细节或构图，从而创造出全新的视觉效果。

图片提参：此功能允许用户从输入的图片中提取关键参数或特征，这些参数可以用于后续的绘画创作，帮助用户在保持原图某些特性的基础上进行创新和变化。

在 Fooocus 软件中，当用户输入一张图片后，可以选择"增强与变化"菜单来对图片进行进一步的处理。这个菜单提供了多种选项，以满足用户对图片调整的不同需求。以下是对各个选项的详细介绍：

不启用：选择此选项将不会对图片进行任何增强或变化处理，保持图片原始状态。

变化（细微）：此选项会对图片进行轻微的变化处理，可能涉及色彩、对比度或细节等方面的微调，使图片呈现出略微不同的视觉效果。

变化（强烈）：相对于"变化（细微）"选项，此选项会对图片进行更显著的变化处理。色彩、对比度、饱和度等可能都会有较大幅度的调整，使图片呈现出截然不同的视觉效果。

增强（1.5 倍）：此选项会对图片的某些特征进行 1.5 倍的增强处理。这可能包括锐化图片细节、提升色彩饱和度或增强对比度等，使图片在视觉上更加突出和鲜明。

增强（2 倍）：类似于"增强（1.5 倍）"选项，但此选项会将增强效果提升至 2 倍。这将使图片的视觉效果更加显著，但也可能导致某些细节过于突出或色彩过于饱和。

增强（快速 2 倍）：此选项提供了与"增强（2 倍）"相似的增强效果，但处理速度更快。它适用于需要快速对图片进

行显著增强的情况，同时保持较高的处理效率。

勾选输入图片选项，打开图片此时菜单，它允许用户上传最多四张图片，这些图片将作为画面内容的参考提示，为用户的创作提供有力的视觉引导与启发。

通过上传参考图片，用户可以将其他图像中的元素、风格、色彩等融入自己的创作中。这一功能特别适用于那些希望借鉴他人作品或寻找创作灵感的情况。

图像提示功能的优势在于它为用户提供了一个直观、便捷的参考方式。用户无需在脑海中构思画面，而是可以通过参考实际图片来创作出更加符合预期和富有创意的作品。这不仅提高了创作的效率，还有助于用户在创作过程中保持灵感和创意的连贯性。

在图像处理与生成的高级应用中，用户常常需要精细控制图像的生成过程与效果。勾选图像提示下方的高级选项后，会暴露一系列强大的参数设置和工具选择，如"停止于"、"权重"以及特定的图像处理算法如"Image Prompt"、"PyraCanny"、"CPDS"和"FaceSwap"。

停止于（Stop At）：这一参数在图像生成过程中起着至关重要的作用，特别是在基于 AI 的绘画或图像处理软件中。它控制着参考图像（或称为"垫图"）在生成过程中的参与程度，范围从 0 到 1.0 表示参考图不参与生成，完全由 AI 自由发挥；而 1 则表示参考图全程参与，生成的图像将高度依赖参考图的特征。通过调整这一参数，用户可以精确控制生成图像与参考图之间的相似度。

权重（Weight）：权重参数反映了参考图像中特定元素（如线条、颜色、纹理等）在生成过程中的重要性。其范围通常设定为 0 到 2，数值越大表示该元素在生成图像中越显著。与"停止于"参数配合使用，用户可以根据需要调整不同参考图或参考元素的重要性，以实现更精细的图像生成效果。

Image Prompt：图像提示是一种通过参考图片来指导AI生成图像的方法。可以通过图片的主题、风格、细节来引导AI生成符合预期的图像。这种技术不仅限于简单的图像生成，还广泛应用于复杂场景和创意作品的创作中。通过Image Prompt，用户可以极大地扩展AI生成图像的多样性和创造力。

PyraCanny：基于金字塔结构的Canny边缘检测算法。Canny边缘检测是图像处理中常用的边缘提取方法，但在高分辨率图像中可能会丢失部分细节。PyraCanny通过结合多种分辨率的图像来检测Canny边缘，并将它们柔和地组合起来，从而捕获更多的图像结构细节。

CPDS：这是一种结构提取算法，源自"Contrast Preserving Decolorization (CPD)"技术。CPDS在保持图像对比度的同时提取结构信息，适用于需要去除图像颜色而保留关键结构特征的场合。

FaceSwap：利用深度学习算法和人脸识别技术实现的人脸交换技术。该技术可以将一张人脸的特征（如面部表情、眼睛、嘴巴等）与另一张人脸进行匹配和替换。FaceSwap在娱乐、艺术创作、影视制作等领域有着广泛的应用。通过调整FaceSwap的相关参数和设置，用户可以轻松实现高质量的人脸交换效果，满足多样化的创作需求。

在Fooocus软件的图片重绘菜单下，用户可以轻松上传并处理图片。该软件支持多种图片格式，方便用户导入自己的图片资源。上传图片后，用户可以选择对图片的局部进行重绘制，即在保留图片大部分内容的基础上，对特定区域进行精细的修改和调整。这一功能对于修复图片瑕疵、增强图片效果等场景非常有用。同时，Fooocus还提供了丰富的调整工具，如画笔、橡皮擦、颜色选择器等，让用户能够在进行局部重绘制时，实现更加精细和自然的效果。

除了局部重绘制功能外，Fooocus还提供了上、下、左、右四个方向的扩展修改选项。这些选项允许用户根据需要对图片进行全方位的调整和优化，以改变图片的整体布局和构图。通过勾选不同的方向选项，用户可以轻松地对图片进行上下或左右的扩展，这对于调整图片比例、增加画布大小等场景非常实用。此外，Fooocus还提供了实时预览功能，让用户在进行扩展修改时能够即时看到调整后的效果，

从而更加准确地掌握调整的方向和程度，达到满意的图像处理效果。

Fooocus图片提参功能利用先进的图像识别与机器学习技术，对上传的图片进行深度分析，能够识别出图片中的关键元素、色彩搭配、纹理细节等，并据此反推出生成该图片时可能使用的提示词。这些提示词蕴含着图片的风格、主题和创意，是指导图像生成过程的重要指令。

通过Fooocus成功提取出提示词，根据这些提示词以及原始图片的参考，Fooocus能够重新绘制出一幅全新的图片。这个过程不仅保留了原始图片的核心元素和风格，还通过算法的巧妙运用，为图片增添了新的创意和表现力。无论是将现实世界的照片转化为梦幻般的动漫风格，还是将普通的艺术作品赋予更加鲜明的个性和色彩，Fooocus的重绘功能都能轻松实现，为用户带来全新的视觉体验。

（五）Fooocus的应用技巧

1. 提示词的描述及质量的选择

生成质量与速度平衡：在高级设置中，用户可以调整生成图像的质量与速度。这通常涉及模型计算精度与迭代次数的选择，高质量生成可能会牺牲部分速度，而极速生成则可能在细节上有所妥协。

撰写提示词时，遵循一个清晰而富有层次的结构是至关重要的。这个结构包括："主体特征、场景特征、环境光照、画面视觉、其他元素"。这样的结构化方式，就像绘制一幅细腻画卷的蓝图，每一笔都蕴含着无限的创意与可能。

例如想生成一幅画面，"50年代的一位身着香奈儿女装的时尚女性"。如何让她在屏幕上栩栩如生，举手投足间展现出那个时代的优雅与潮流，还洋溢着怀旧与迷人的魅力呢？我们可以通过书写"50年代的时尚女性，身着香奈儿女装"，这明确了主体特征，她是谁，穿着什么，一目了然。紧接着，"展现着50年代的时尚潮流与优雅气质"，进一步勾勒出她的内在韵味与时代风貌。然后，"场景设定在一家复古的巴黎咖啡馆内"，场景特征跃然纸上，瞬间将人拉入那个充满故事的空间。再添上"店内摆放着复古家具，铺着方格地砖，背景音乐是轻柔的爵士乐"，环境光照与画面视觉细节变得丰满，让人仿佛能听见那悠扬的旋律，看见光影在方格地砖上跳跃。

这就是提示词的魔力所在，它不仅仅是简单的词汇堆砌，更是创造世界的钥匙。因此，在学习和实践过程中，强烈推荐大家遵循"主体特征、场景特征、环境光照、画面视觉、其他元素"的结构来输入提示词。这样，你就能更轻松地驾驭想象，让每一次生成都成为一场视觉盛宴。

正向提示词：Fashionable woman in the 50s, Wearing Chanel women's clothing, Reflecting the fashion trends and elegance of the 50s, Nostalgic and glamorous, Include accessories and overall aesthetic of the era, Set in a vintage Parisian café, with retro furniture, checkered floor tiles, and soft jazz music

playing in the background（50年代的时尚女性，穿着Chanel女装，体现50年代的时尚潮流和优雅，怀旧而迷人，包括配饰和时代的整体美学，设置在复古的巴黎咖啡馆，复古的家具，方格地砖，轻柔的爵士音乐作为背景）

反向提示词：deformed, mutation, bad anatomy, disfigured, poorly drawn face, missing limbs, blurry background（畸形，变异，身体构造不好，毁容，面部画得不好，四肢缺失，背景模糊）

2. 风格与模型选择

在 Fooocus 这一强大的创作工具中，用户能够享受到上百种精心设计的预设风格，这些风格广泛涵盖了写实、胶片、电影质感、动漫、水彩、黏土、3D 等多个艺术领域。这一丰富的选择意味着，无论用户的创作需求是什么，都能轻松找到与之匹配的风格，从而快速生成符合预期的高质量图像。

除了多样的预设风格，Fooocus 还提供了灵活的模型切换与调整功能。用户可以根据需要，在不同的预设模型之间进行切换，如 Base 模型、Refiner 模型、LoRA 模型等。这些模型的选择和调整对于生成图像的质量和风格具有直接影响。因此，用户可以根据具体的创作目标和需求，精心选择和调整模型，以获得最佳的生成效果。

值得一提的是，使用 Fooocus 时，即使采用相同的提示词，通过更改不同的艺术风格，也能生成截然不同的画面质感。这一特性为用户提供了极大的创作自由和灵活性，使得每一次的创作都能充满新意和惊喜。

3. 高级功能应用

在运用 AI 生成图像时，反向提示词的使用是一项重要而微妙的技巧。这类词汇，如"畸形：deformed, mutation"、"比例不当／解剖不良：bad anatomy"等，旨在明确指示 AI 避免生成不希望的图像特征或场景。然而，需要注意的是，反向提示词并非越多越好。过量使用可能导致生成图像的整体效果受到负面影响，因为过多的限制可能会束缚 AI 的创造力，使其难以在遵循所有约束的同时生成高质量图像。

因此，在使用反向提示词时，应遵循几个关键原则。首先，尽量保持反向提示词的具体和明确，避免模糊或宽泛的描述，这样可以更有效地指导 AI。例如，使用"避免：avoid"而不是简单的"不要这种风格"。其次，反向提示词应与正向提示词结合使用，以共同指导生成图像的内容和风格。正向提示词定义了期望的图像特征，而反向提示词则进一步细化，排除不希望出现的元素。通过这种结合使用的方式，可以更全面地控制生成图像的质量和风格，从而创作出更符合期望的作品。

在时尚设计、服装设计、图案设计领域，常用的反向提示词主要用于避免在设计中出现不希望看到的元素或风格。这些反向提示词可以帮助设计师更精确地控制设计方向，确保最终作品符合预期的美学标准和市场需求。

一些时尚设计与服装设计领域常见的反向提示词示例：

质量相关：low quality（低质量）、worst quality（最差质量）、bad anatomy（糟糕的解剖学结构，通常用于避免人物模型比例失调）

风格与特征：cartoonish（卡通化，避免设计过于幼稚或不成熟）、tacky（俗气，避免设计显得廉价或不得体）、outdated（过时，确保设计符合当前流行趋势）、ugly（丑陋，直接避免不美观的设计元素）

人体与姿态：deformed body parts（变形的身体部位）、
awkward pose（尴尬的姿态）、unrealistic proportions
（不现实的比例）

材质与细节：cheap-looking materials（看起来廉价的材
料）、poorly stitched（缝合粗糙）、fake details（假的细
节装饰，如仿冒品牌标志）

主题与元素：cliche themes（陈词滥调的主题）、overused
patterns（过度使用的图案）、irrelevant details（不相关的
细节）

图案设计领域常见的的反向提示词实例：

视觉效果：blurry patterns（模糊的图案）、low resolution
（低分辨率，避免图案像素化）、out of focus（失焦，确保
图案清晰）

风格与情感：dull colors（暗淡的颜色，避免图案显得沉
闷）、garish colors（过于刺眼的颜色，保持图案的和谐与
平衡）、offensive imagery（冒犯性的图像，确保图案内容
得体且尊重多元文化）

技术与实现：difficult to reproduce（难以复制，考虑图案
的实际生产可行性）、low-quality printing（低质量印刷效
果，避免图案在实际应用中失真）

3. 提示词优化与插件使用

高质量提示词编写：编写简洁、准确、细节丰富的提示
词是生成高质量图像的关键。用户可以通过学习和借鉴优秀
的提示词案例，不断优化自己的提示词编写技巧。

提示词插件辅助：利用提示词插件如 AIPrompter 等，
可以自动检测 Fooocus 的 WebUI 并在提示词输入框中显示
丰富的提示词选项。这些插件不仅提高了编写提示词的效率，
还内置了翻译功能以帮助用户更好地理解和应用英文提示词。

二、MidJourney

Midjourney 是一个前沿的人工智能艺术创作平台，通过
先进的深度学习技术，允许用户创建独特的图像和艺术作品。
自从其发布以来，Midjourney 因其在图像生成领域的创新和
高质量的艺术风格而迅速获得了广泛关注。

Midjourney 的开发团队致力于探索 AI 在创意领域的潜
力，并将其应用于艺术创作中。他们的目标是通过机器学习
算法使艺术创作更加民主化，让更多的用户能够以直观的方
式生成视觉艺术作品。Midjourney 不断更新和改进，增加了
多种功能，提升了图像生成的精度和艺术效果。

在 AI 艺术创作领域，Midjourney 与其他图像生成工具
（如 DALL-E、Stable Diffusion 等）并驾齐驱，但它有其独
特的优势。

独特的艺术风格：Midjourney 以其独特的艺术风格而著
称，生成的图像往往具有浓厚的艺术气息。它的风格库丰富
多样，能够生成从抽象艺术到现实主义风格的图像。

用户友好的界面：Midjourney 提供了一个简洁而直观的
用户界面，使得即使是没有编程背景的用户也能够轻松上手。

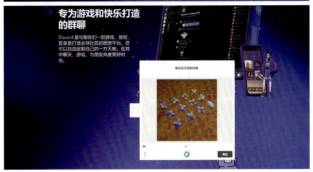

用户可以通过简单的命令和设置来生成高质量的图像。

高度的可定制性：Midjourney 允许用户自定义图像生成
过程，通过设置不同的参数和选项来调整最终结果。这种高
度的可定制性使得用户能够实现独特的创意。

社区驱动的创新：Midjourney 拥有一个活跃的用户社
区，用户们分享他们的创作、技巧和经验。社区的反馈和贡献
对 Midjourney 的发展起到了重要作用，并促使其不断创新。

（一）MidJourney部署与运行

1. 注册 Discord 账号

访问 Discord 官网，单击"在您的浏览器中打开 Discord"
按钮。通过 Discord 进行"我是人类"的验证后，即可进入
注册页面。单击左下角蓝色注册按钮，输入电子邮箱，密码等
关键信息后，即可完成 Discord 账号的注册，随后即可进入
Discord 用户界面。

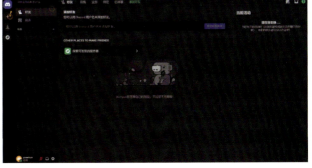

2. Midjourney 个人服务器和机器人的使用

进入 Discord 页面后，单击左下角的绿色添加按钮，选择"添加服务器"选项；选择"亲自创建"；设置使用权限，选择"仅供我和我的朋友使用"选项；在新创建的服务器中单击最下方的"添加您的首个 App"选项，在搜索框中搜索"MidjourneyBot"（Midjourney 机器人）；并点击蓝色"添加 app"按钮；点击添加至服务器选项；选择新建的服务器并点击继续；点击授权，如此便成功将 Midjourney Bot 添加至刚刚创建的服务器中了；添加成功后，单击右下角的按钮即可使用 Midjourney 机器人。

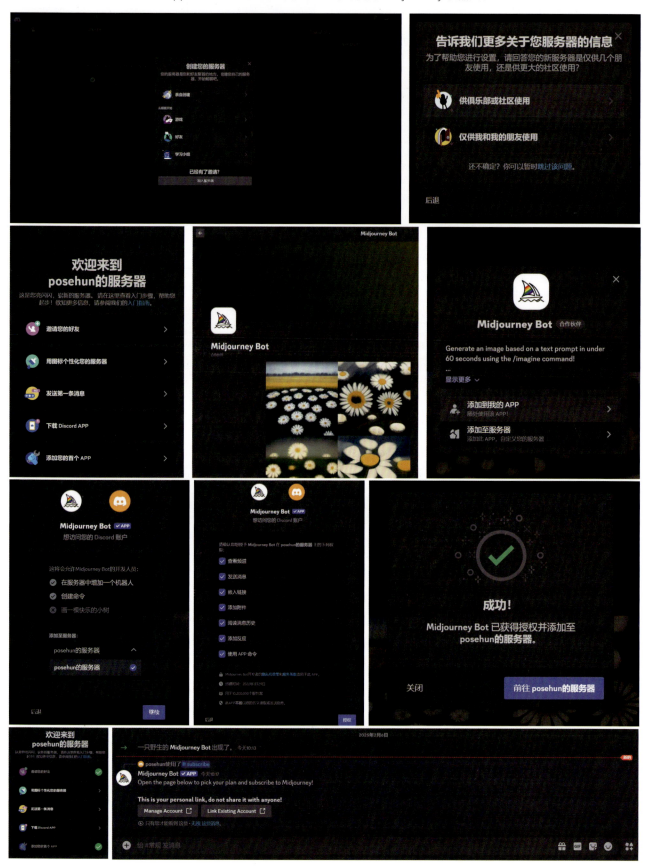

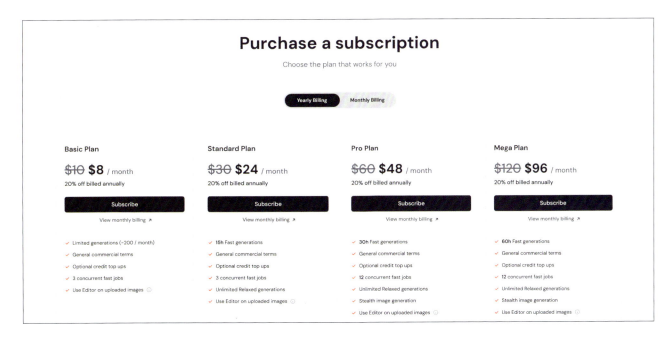

Purchase a subscription

Choose the plan that works for you

Yearly Billing   Monthly Billing

Basic Plan	Standard Plan	Pro Plan	Mega Plan
$10 **$8** / month	$30 **$24** / month	$60 **$48** / month	$120 **$96** / month
20% off billed annually	20% off billed annually	20% off billed annually	20% off billed annually
Subscribe	Subscribe	Subscribe	Subscribe
View monthly billing ↗	View monthly billing ↗	View monthly billing ↗	View monthly billing ↗
✓ Limited generations (~200 / month)	✓ 15h Fast generations	✓ 30h Fast generations	✓ 60h Fast generations
✓ General commercial terms	✓ General commercial terms	✓ General commercial terms	✓ General commercial terms
✓ Optional credit top ups	✓ Optional credit top ups	✓ Optional credit top ups	✓ Optional credit top ups
✓ 3 concurrent fast jobs	✓ 3 concurrent fast jobs	✓ 12 concurrent fast jobs	✓ 12 concurrent fast jobs
✓ Use Editor on uploaded images ⓘ	✓ Unlimited Relaxed generations	✓ Unlimited Relaxed generations	✓ Unlimited Relaxed generations
	✓ Use Editor on uploaded images ⓘ	✓ Stealth image generation	✓ Stealth image generation
		✓ Use Editor on uploaded images ⓘ	✓ Use Editor on uploaded images ⓘ

3. Midjourney 的充值订阅

在聊天区域输入 /subscribe（订阅）指令，获取订阅信息，点击 Manage Account 即可跳转到充值界面。用户可选择适合自己需求的订阅计划 (1 美元约合人民币 7.2 元)。

10 美元 / 月基本计划：每月 200 张左右的额度，可以访问会员画廊，支持同时 3 个并发快速作业。

30 美元 / 月标准计划：FAST（快速）模式每月 15 小时（大概 900 张）额度，RELAX（休闲）模式额度无限，高性价比。

60 美元 / 月专业计划：FAST（快速）模式每月 30 小时 (大概 1800 张）额度，RELAX（休闲）模式额度无限，最重要的是可以隐私生成，即自己生成的关键词不放到会员画廊，别人看不到你的关键词，私密性较强。

120 美元 / 月大型计划：FAST（快速）模式每月 60 小时（大概 3600 张）额度，RELAX（休闲）模式额度无限，支持同时 12 个并发快速作业。

单击自己需要订阅的会员计划，选择月支付或年支付。进入支付页面，选择信用卡支付，填写拟购买的虚拟信用卡卡号、有效期、CV 码等信息。填写完卡号信息，核对好付款

的金额，直接单击"订阅"按钮即可完成订阅。

（二）Midjourney的页面介绍和基础操作

服务器列表：在最左侧的图标列，可以切换至官方服务器或私人服务器，私人服务器图片信息不易流失。

频道列表：#trial-support：试用用户的咨询频道。

#newbies-：新手频道。新用户可以访问任意一个新手频道，输入 /imagine 描述所需图片信息。

用户可以在拥有服务器后添加个人频道生成图片，绘画生成区域 是用户创建和生成图像的主要场所。我们可以从中获取所输入的提示词及垫图的相关信息和出图效果，并对图片进行调整。我们可以浏览历史生成图片记录并进行标记。绘画聊天窗口，用户在此发布指令，输入图片提示词，对机器人发布指令。

1. Midjourney 相关参数设置

首先在聊天窗口输入：/setting，回车后可调出控制面板。

MJ 版本选择，数字越大、版本越新，质量越好，目前最新版本是 Midjourney Model V6，模型是写实模型；Niji Model 模型是动漫模型。RAW Mode：原生模式，减少软件的自动美化程度，打开后可使画面滤镜感降低，写实度提升。

Style 程度化（4 项）：从左往右，画面艺术效果从低到高，如需提示词与生成图片相近可以降低其值，单张图设置可添加提示词后缀 --s 1000（最大值）。

Personalization：生成专属生图风格后在提示词后加后缀 --p，可生成相同风格图片。

public mode：公共模式，打开后其他人可在官网看到你所生成的图片。

Remix mode：启用后可在每次刷新图片期间重新编辑提示词。

高低变化设置：高变化模式下生成图片有较高程度的创新和多样性对不满意的图片进行大调整；低变化模式下模型会减少创造性的插入，产生更为一致性和可预测的结果，一

般适用于调整细节。

生成速度设置：从左至右由快到慢。

恢复默认设置；点击之后恢复成 Midjourney 官方默认设置。

2. Midjourney 指令

/imagine 使用提示生成图像

/blend 多图混合

/describe 以图生文，反推提示词

/ask 进行搜索提问

/public 切换公共模式

/info 显示个人信息

/help 显示帮助页面

/prefer suffix 指定要添加到每个提示末尾的后缀。

/prefer remix 切换至（混合模式）

/prefer option set 设置自定义选项

/prefer option list 显示当前自定义选项

3. Midjourney 后缀的使用

--v6 使用 v6 模型

--q+ 数字范围值：.25/.5/1/2，默认 1，数值越大图片越精细

--ar n:m 控制图片尺寸比例，n 是宽，m 是高，例 --ar 16:9

--S+ 数字 默认 100，控制图片的风格化程度

--no+ 物 后加具体物品，出图将不包含该物品

--C+ 数字 或 --chaos 范围值：0-100，数字越大，四宫格越多样性

--uplight 放大图片同时添加少量细节纹理

--upbeta 直接使用增加图片细节，生成质量更高，风格更奇特

--upanime 放大图片同时增加动画插画风格

--test 直接使用和 --upbeta 类似，介于艺术与写实之间，质量更高 / 风格奇特

--niji 直接使用生成动漫风格图像

--iw+ 数字 范围值：0.25-5，设置图片与参考图和描述的相似程度

--seed + 数字 通过编号控制，使生成图片更加相似

--creative 用于测试算法模型，增加生成图像的创意性

--hd 直接使用，早期模型，适用于风景画、抽象画

--sameseed 类似 sed 参数，使生成图像更加相似

--tile 生成四方连续图

--cw+ 数字 参考图片权重范围：0-100

--cref URL（图片链接）生成图像会模仿参考图像的内容特征

--sw+ 数字参考图片风格权重范围：0-1000

--sref URL 生成的图像会模仿参考图像风格特征

4. 文字生成图片

在聊天输入窗口打出" / "，选择 / imagine 指令，在 prompt 后输入框中输入提示词，回车键发送指令，绘画生成区域生成图片后可按下方第一行顺序，选择其中一张进行分离单独查看。Upscale 指针对这张图片放大和填充更多细节。可以点击 Upscale 键对单张图片进行细节放大。

5. 参考生成图片

将图片直接拖拽至图片生成区域或点击 Midjourney 输入框内加号，选择本地下载好的图片，Enter 发送即可。

示例：将两张图进行简单的处理融合

（1）输入指令 /blend，将两张图片进行简单的融合处理

（2）加入提示词，进行服装与图案的延伸

（3）通过改变提示词调整服装效果，使图片达到理想效果

提示词：URL1 URL2, Complete costume, Seamlessly integrate a fabric pattern into a clothing design, ensuring the pattern blends harmoniously with the overall style and color of the garment. The pattern should naturally flow across various parts of the clothing, avoiding abrupt borders and mismatched effects. The design may include [insert desired pattern style, such as geometric shapes, floral, abstract art, etc.], with attention to detail and color coordination that matches the fabric's natural appearance.--v 6.0.（完整的服装，将面料图案无缝地融入服装设计中，确保图案与服装的整体风格和色彩和谐融合。图案应该自然地贯穿衣服的各个部分，避免突然的边界和不匹配的效果。设计可以包括插入所需的图案风格，如几何形状、花卉、抽象艺术等，注重细节和颜色协调，与织物的自然外观相匹配。）

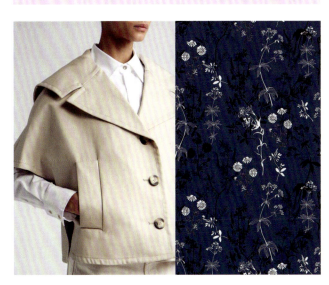

三、 Style3D AI

Style3D AI 是一款专注赋能时尚纺织服装行业设计创作与商品营销的轻量化 AI 工具，该产品由浙江凌迪数字科技有限公司（凌迪 Style3D 公司）研发。凌迪 Style3D 公司是一家以"AI+3D"技术为核心驱动力的科技企业，专注于为时尚纺织服装行业提供数字资产创作、展示、协同的工具和解决方案，公司以"打造数字引擎·驱动时尚未来"为愿景，推动全球时尚行业的数字化转型和创新发展。2023 年发布

Style3D AI 产业模型，以"AIGC+3D"技术真正推动生产力的发展。

Style3D AI 的具体功能：

1. 线稿成款

上传服装、箱包等时尚产品的设计稿，快速生成带面料的具体产品图，让协同部门更加理解设计师的设计意图，降低沟通成本。

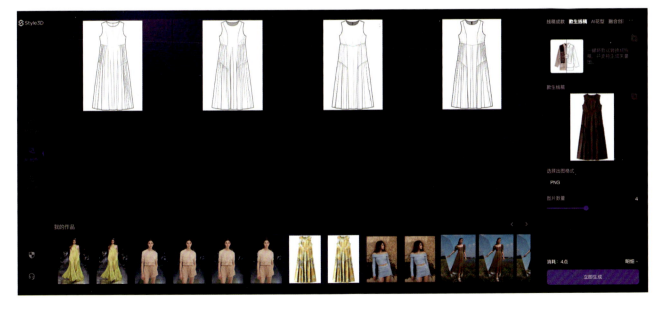

6. 系列配色

上传一张款式图，快速生成多个不同颜
色的相同款式，快速完成款式配色选色。

7. 以文生款

录入描述款式或文字，快速生成基于文字描述的款式图，将设计师的灵感快速转化成具体的图像，提高设
计效率。

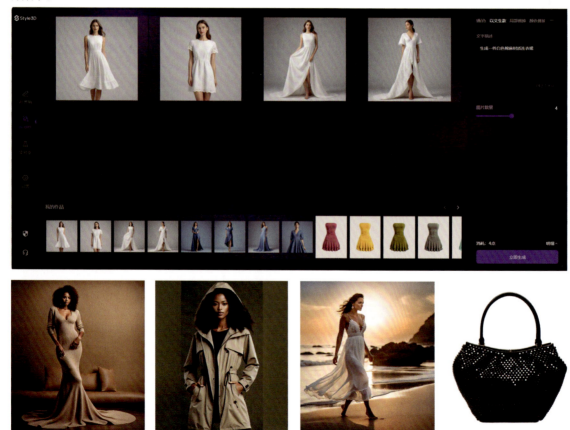

8. 局部替换

将想要修改的区域圈起来后，可以针对这些区域进行修改，其他区域保持不变，快速实现对款式的局部改动。

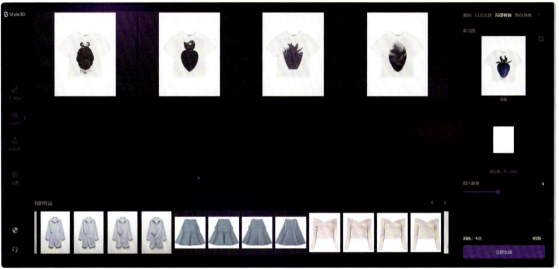

9. 颜色替换

上传一个款式图后，在系统里选择一个颜色，可以为款式进行换色。

#850909

10. 面料试衣

上传一张面料图和一张参考款式图后，就可以将面料制成款式图的样式，不需要进行实物打样，即可看到面料制成各种服装的效果，这将有助于帮助设计师进行选料，同时也可以帮助面料商更好地进行面料的推广。

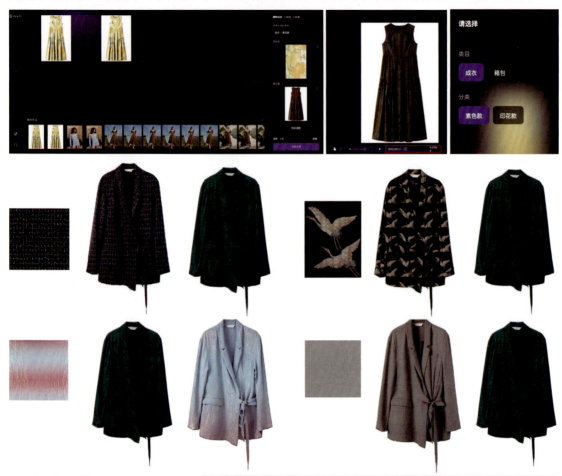

11. AI 换脸

上传一张模特图，再上传一个想要更换的人脸图，可以将原来模特图中的脸更换成新的人脸，结合 AI 换景的能力，可以快速生成更多不同群体不同场景下的商品营销素材图。

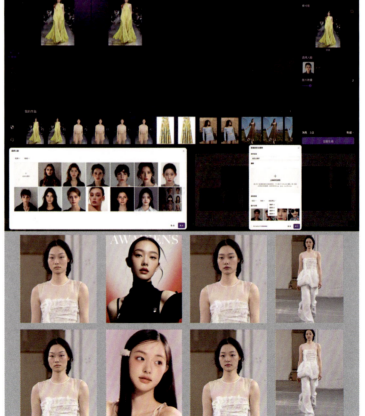

12. AI 换景

上传一张模特图和一张背景参考图，可以将原图中的背景更换成新的背景。

13. AI 试衣

上传一张或多张服装静物图，再选择一个模特，可以快速将服装穿在所选的模特身上，以帮助设计师进行服装搭配效果的快速检查。

（二）界面布局与工具栏功能

可灵软件凭借创新的 AI 技术，为广大创作者提供了高效、灵活的视觉内容生成服务，已成为现代创意工作中不可或缺的重要工具。视频生成技术可以分为文生视频和图生视频两种。在虚拟时尚设计领域，这些技术为设计师提供了全新的创作可能性。文生视频通过对文字描述的理解，能够自动生成与描述相符的视频内容，例如根据"一件白色连衣裙在阳光下飘逸"的文字生成生动的场景；而图生视频则可以基于图片或设计草图，扩展为具有动态效果的视觉呈现，例如将平面服装设计转化为 360 度展示。这些技术不仅提高了设计师的工作效率，还使得虚拟试衣、数字样衣展示和个性化配色方案生成变得更加简单灵活。通过 AI 驱动的视频生成，设计师可以快速预览设计效果并进行调整，同时减少对真人模特和实物样衣的依赖，有助于推动可持续时尚的发展。未来，这些技术将继续深化与虚拟时尚设计的结合，为行业带来更多创新与可能性。

1. 文生视频

文生视频技术是一种崭新的多媒体内容生成手段，它依据文本描述来自动生成相应的视频内容。该技术融合了先进的自然语言处理和计算机视觉技术，能够深入解析文本中的关键要素，诸如场景描绘、角色行为、情感流露等，进而将这些信息转化为连贯流畅的视觉图像序列。通过复杂的算法模型，这种技术不仅能够理解文字中的具体描述，还能捕捉到文本所蕴含的情感和氛围，从而在视频生成过程中实现更高程度的场景还原与情感表达。

在虚拟时尚设计领域，文生视频技术展现了巨大的潜力。例如，设计师可以通过输入"一位穿着未来主义银色外套的女孩在霓虹灯下走过"的文字描述，自动生成一个充满科技感和未来风格的动态视频。此外，这种技术还能够根据文本中对服装细节的描写，如材质、颜色、剪裁等，精确生成相应的视觉效果，从而为设计师提供快速的创作反馈。通过这样的方式，设计师可以在不依赖真人模特或实物样衣的情况下，便捷地预览和调整设计方案。

文生视频技术的应用不仅限于单一场景的生成，还能根据不同的文本叙述自动生成多段连贯的故事线。例如，一段描述时装秀全过程的文字，可以被转化为一个完整的展示视频，包括模特的动态、服装的细节以及背景音乐的匹配。这种技术的出现，不仅大大提高了设计师的工作效率，还为虚拟时尚展示提供了更多可能性，有助于推动可持续时尚的发展。

随着人工智能和深度学习技术的不断进步，文生视频技术将在未来得到更广泛的应用。它不仅能够帮助设计师快速实现创意的数字化，还能为消费者提供更加沉浸式的购物体验，使虚拟时尚展示更加生动、直观和富有吸引力。这项技术的成熟与普及，标志着人类对内容生成方式的又一次跨越，也为未来的多媒体创作打开了无限的可能性。

创意描述：在创意描述中输入想要的画面描述。
例如，一个身穿黑色长裙的女孩在走秀。

参数调节

当调节到距离"创意相关性"更近一侧时画面效果与"创意描述"中输入的提示词更为接近。反之则更具有创意性。

生成模式：高级模式下，画面相比于标准模式更加清晰。

生成时长：有5s和10s两种可选。

视频比例：有"16:9，9:16，1:1"三种可选择。

生成条数：通过这里可以调节一次性生成视频的条数，最大值为5条。

运镜控制：通过这里可以控制视频镜头的运动方式。例如，向前向后、放大缩小等。

不希望呈现的内容：通过在这里填入不希望呈现的内容可以一定程度上提升视频生成的质量。

图片及创意描述：点击将想要生成视频的图片上传。

2. 图生视频

图生视频，即基于图像生成视频的技术，是计算机图形学和视频处理技术相结合的产物。这项技术通过对静态图像中的元素、结构和色彩等信息进行深入分析，利用先进的算法模拟物体的运动轨迹、光影变化以及场景转换，从而生成连续、流畅的视频序列。这种技术不仅能够还原图片中的视觉细节，还能赋予静态图像动态的生命力，为创意表达提供了全新的可能性。

在实际应用中，图生视频技术可以通过对单一图片或多张图片的分析，自动预测物体的运动模式和场景的逻辑关系。例如，一张描绘风景画面的图片，可以被转化为一个展示四季变化的动态视频；而一张时尚模特的照片，则可以通过算法生成模特的走秀动作，展现服装的细节和质感。

随着人工智能和深度学习技术的不断进步，图生视频的生成质量和表现力也在持续提升。未来的图生视频技术有望实现更加复杂场景的还原和更丰富的视觉效果，为虚拟现实、增强现实等领域注入新的活力。这项技术的发展，不仅是科技进步的体现，也为创意工作者提供了更多可能性。

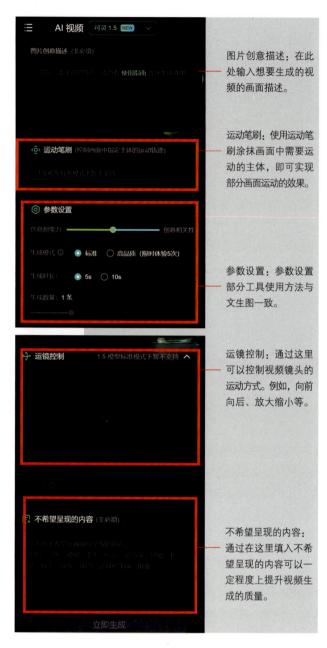

图片创意描述：在此处输入想要生成的视频的画面描述。

运动笔刷：使用运动笔刷涂抹画面中需要运动的主体，即可实现部分画面运动的效果。

参数设置：参数设置部分工具使用方法与文生图一致。

运镜控制：通过这里可以控制视频镜头的运动方式。例如，向前向后、放大缩小等。

不希望呈现的内容：通过在这里填入不希望呈现的内容可以一定程度上提升视频生成的质量。

（三）图像到视频生成在服装设计中的应用

可灵软件的"图像到视频生成"功能是一项前沿的人工智能创意工具，它能够将静态的服装设计图像转化为生动的动态视频。对于服装设计专业的学生和教师而言，这一功能极大地拓展了设计展示的可能性，使得设计作品的呈现更加直观和吸引人。以下是如何使用这一功能的详细教程。

1. 准备输入图像

首先，学生需要准备一张静态的服装设计图像。这张图像可以是手绘的设计草图，也可以是电脑绘制的详细设计图，甚至是服装实物的照片。这张图像将作为视频生成的基础，AI 算法将依据其内容和风格来创建相应的动态效果。

2. 撰写文本描述或指令

在图像准备好之后，学生需要撰写一个简短的文本描述或指令，以帮助 AI 理解希望视频中的服装如何展示、动作如何设计。例如，可以描述为"一位模特在 T 台上走秀，身着华丽的晚礼服，裙摆随风飘动"，或者"一件休闲装在设计工

作室里，随着旋转展示其细节和质感"。这些描述将指导 AI 生成符合预期的动态场景。

3. AI 生成运动与动画

可灵软件通过先进的深度学习算法，结合输入的图像和文本描述，开始生成动态画面。

分析图像内容：识别图像中的服装款式、细节和配色，理解其构图和风格。

模拟运动：应用时空联合注意力机制，使静态的服装图像开始"活"起来，模拟出如模特走秀、服装旋转展示等自然动作。

动画效果生成：根据文本指令，调整服装的展示方式，如添加光影变化、背景切换等，生成符合设计意图的动画效果。

4. 渲染与生成视频

AI 在生成了初步的视频序列后，会对每一帧进行精细渲染，确保视频的流畅性和场景转换的连贯性。渲染过程包括：

图像细节优化：提升每帧图像的清晰度，确保色彩、光影和质感的准确呈现。

动作平滑过渡：处理动态元素，确保服装展示动作的流畅衔接，避免卡顿或失真。

时间轴调整：根据设定的时长，调整视频的播放速度，确保展示的连贯性和节奏感。

最终，AI 将生成一个完整的视频文件，学生可以进行预览和初步评估。

5. 调整与优化

生成的视频在初步完成后，学生还可以进行进一步的调整与优化。可灵软件提供了以下功能：

视频剪辑：根据需要剪切视频片段，调整视频的长度和格式，以适应不同的展示需求。

风格修改：更改视频的整体风格，调整色调、对比度、饱和度等，使视频更加符合设计主题和氛围。

动作调整：如果对视频中的服装展示动作不满意，可以通过修改指令或提供更多描述来进一步调整动画或运动场景。

6. 输出与应用

完成优化后，可以选择合适的输出格式（如 MP4、MOV 等），将生成的视频文件用于多种场合。

可灵软件的"图像到视频生成"功能为服装设计专业的学生提供了一个强大的工具，使得他们能够将静态的设计图像转化为生动的动态视频。通过简单的图像输入和文本描述，AI 就能自动生成高质量的视频作品，并且允许进一步的调整和优化。

（四）基本运镜的运用

在可灵软件中，基本镜头运动的应用是其视频生成和创意工具的一大亮点。镜头运动能够有效提升视频的动感与层次感，为静态图像或场景增添更多的生命力。在生成过程中，基本镜头运动的运用不仅增加了视频的视觉效果，也使得创作更具表现力和吸引力。

1. 推镜头（Dolly In）

定义：镜头从远处向被摄体推进，用于突出某个细节或引导观众注意力。

应用实例：在服装展示视频中，可以设定镜头从远处逐渐推进到模特的面部或服装的某个细节，如领口、袖口等，以强调设计的精致之处或模特的情感表达。

2. 拉镜头（Dolly Out）

定义：镜头从被摄体拉开，用于营造空间感或展示更多背景信息。

应用实例：在视频开头，可以通过拉镜头展示模特或场景的整体构图，如从模特的面部拉远至整个 T 台或拍摄环境，帮助观众更好地理解故事背景或场景氛围。

3. 平移镜头（Pan）

定义：相机保持不变的焦点，通过水平或垂直方向的移动，呈现新的视角。

应用实例：在服装走秀视频中，可以使用平移镜头跟随模特的移动，展示服装的动态效果；或在展示服装店铺或工作室时，通过平移镜头展现室内布局和装饰风格。

4. 升降镜头（Tilt）

定义：相机上下移动，用于展现物体的纵深或在场景中营造戏剧性效果。

应用实例：在展示高定服装时，可以通过升降镜头从下至上拍摄模特，突出服装的华丽和庄重；或在展示服装细节时，通过升降镜头调整拍摄角度，展现服装的立体感和层次感。

5. 旋转镜头（Rotation）

定义：相机围绕某个点进行旋转，创造独特的视觉效果，增加画面的动态感。

应用实例：在展示服装的 360 度视角时，可以使用旋转镜头围绕模特或服装进行旋转拍摄，让观众全方位地欣赏服装的设计和细节。

6. 缩放镜头（Zoom）

定义：通过调整镜头焦距来改变画面的视野，从而聚焦或放大某个物体的细节。

应用实例：在突出服装的某个特定细节时，如刺绣、图案或配饰，可以使用缩放镜头逐步放大该细节，以增加视觉冲击力和观众的关注度。

（五）后期编辑

后期编辑是生成的图像或视频内容中至关重要的一环。通过后期编辑，用户可以对初步生成的内容进行调整和优化，使其更符合创作需求、提高视觉效果，或者根据不同的用途进行定制化。可以根据自己的需要自行选择剪辑软件。以下来是后期制作的详细步骤。

步骤一：将在可灵 AI 中生成的碎片化素材导入剪辑软件中。

步骤二：将碎片素材中损坏的部分（如：出现物理错误的部分）剪辑切除。选择性地删除不需要的片段，或将长视频分割成多个小段。用户可以根据需要调整视频的开始和结束时间。

步骤三：将碎片化素材中间进行衔接（如加入转场等）。裁剪视频、调整视频的时长和切换场景。

步骤四：调整视频的色调、对比度、亮度等，使其更符合视觉需求或创作风格，应用不同的风格、滤镜和动态效果，为视频增添艺术感或符合特定的主题。用户可以改变视频的色温，营造温暖或冷冽的色调，从而提升整体情感氛围。例如，柔和的黄色调给人温馨、宁静的感觉，而蓝色调则显得更加冷静或未来感十足。

步骤五：加入背景音乐。用户可以对音频进行剪辑、调节音量和音频特效，确保视频的声音部分与画面部分的和谐搭配。

步骤六：导出。无论是剪辑、颜色调整、音频设计，还是风格化效果、特效应用，后期编辑都能够提升内容的质量，增强视觉与情感的表现力。能够帮助创作者更好地完成个人项目。

第 **2** 章

AIGC在
图案设计中的应用

第一节　虚拟图案设计概述

　　图案是与人们生活密不可分的艺术性与实用性相结合的艺术形式，它把生活中的自然形象进行特殊的加工变化，使其更完美，更适合实际应用，有别于其他艺术造型形式。系统地了解和掌握图案形象创作的基础知识和技能，不仅能提高对装饰美的发现能力和欣赏能力，还能在实际应用中创造装饰美，得到美的享受。

一、图案的分类方法

　　图案的分类方法多种多样，可以从不同的维度和角度进行划分，涵盖占有空间、历史范畴、材料种类、专业分类、装饰手法、组织形式以及主题题材等几个方面。

　　图案按其所占有的空间维度，可分为平面图案和立体图案。平面图案主要占据二维空间，如墙面、布面、纸面等上的装饰图案；而立体图案则在三维空间中展示，如雕塑、陶瓷、建筑等表面的装饰。从历史范畴来看，图案可分为传统图案和现代图案。传统图案具有历史文化底蕴，反映特定时期或地域的风格；而现代图案则反映现代审美和技术，如简约风格的几何图形等。按社会关系划分，有宫廷图案和民间图案。根据材料种类，图案可分为纺织图案、金属图案、陶瓷图案等。纺织图案主要用于织物上，如丝绸、棉麻布上的印花或刺绣；金属图案则使刻在或铸在金属表面，如铜器、银器上的装饰；陶瓷图案则是绘制或雕刻在陶瓷器皿上的。按照专业领域划分，图案可分为建筑图案和工业设计图案等。建筑图案主要用于建筑装饰，如壁画、瓷砖图案；而工业设计图案则应用于产品外观设计，如汽车、手机的外壳图案。根据装饰手法，图案可分为绘画图案、雕刻图案和印染图案等，绘画图案是通过绘画手法创作的，如水彩、油画；雕刻图案则是通过雕刻手法形成的，如木雕、石雕；印染图案则是通过印染技术实现的，如蜡染、扎染。按图案的组织形式可分为单独图案和连续图案。单独图案是独立的、不重复的图案单元；而连续图案则是由单个或多个图案单元重复排列形成的，如二方连续、四方连续等。按主题题材划分，图案可分为自然图案、人物图案和抽象图案等。自然图案以自然元素为主题，如花鸟、山水等；人物图案则以人物形象为主题；抽象图案则不基于具体自然形象，而是通过形状、色彩、线条等构成的。

宫廷图案　　　　　　　　　　　　　　　　　　民间图案

单独图案　　　　　　二方连续图案　　　　　　四方连续图案

自然图案

人物图案   抽象图案

传统花卉图案往往汲取自然界的花卉为创作源泉，其精髓在于对细节的精雕细琢以及所承载的丰富象征意蕴。这类图案通常采用对称均衡的构图方式，以细腻流畅的线条勾勒出花卉的曼妙姿态，寓意着吉祥如意、繁荣昌盛等积极美好的愿景。它们不仅是自然之美的艺术再现，更是深厚文化底蕴与民族传统精神的视觉载体。借助人工智能技术，我们能够创新性地生成具有传统韵味的花卉主题图案。

以下示例即为 AI 技术所创作的传统风格花卉图案，既保留了古典美学特征，又融入了现代科技的创意火花。

提示词：Create a four-way continuous pattern that gracefully flows in all directions, featuring lotus flowers as the focal point. Incorporate intricate details, vibrant colors, and soft, natural lines to mimic the appearance of lotus petals and leaves, enhancing the beauty and elegance of the design. Ensure a seamless and repeating pattern that maintains balance between the lotus flowers, leaves, and any additional decorative elements, while also incorporating elements of water and reflection to elevate the overall aesthetic of the lotus theme. Experiment with various color palettes to find the perfect combination that brings out the serenity inherent in the lotus.（以莲花为焦点，创造一个优雅地向各个方向流动的四方连续图案。结合复杂的细节，鲜艳的色彩，柔和、自然的线条，模仿莲花花瓣和叶子的外观，增强设计的美丽和优雅。确保一个无缝和重复的图案，保持荷花、叶子和任何额外的装饰元素之间的平衡，同时也结合了水和反射的元素，以提升莲花主题的整体美学。尝试不同的调色板，找到完美的组合，带出莲花固有的宁静。）

提示词：Fabric patterns featuring ancient characters, intricate traditional clothing elements, including embroidery or print designs of ancient figures, with rustic color schemes, reflecting the delicacy and cultural style of ancient times.（以古代人物为特征的织物图案，复杂的传统服装元素，包括古代人物的刺绣或印花设计，质朴的配色，反映了古代的精致和文化风格。）

二、不同主题风格图案的生成

AI 工具：Midjourney。

步骤一：打开 Midjourney，点击左上角"我的服务器"。

步骤二：选择或添加一个频道，进入操作界面。

步骤三：在输入框中打出"/"，点击第一栏。

频道列表

对话框输入命令

步骤四：在 prompt 框内输入提示词（提示词内容），点击回车键生成。

步骤五：等待数秒后生成四张图片。

步骤六：如果需要对生成的图案进行修改，点击重新生成命令，并修改提示词（例如调整整体色调），等待数秒，生成新的图案。

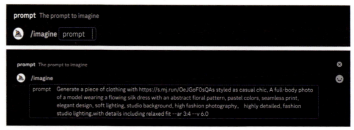

输入图案提示词

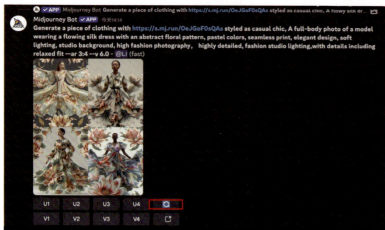

步骤七：点击 U1 可以对图案进行直接放大，点击 VI 可以在原有的基础上随机放大。

步骤八：在新的图案基础上加入艺术风格提示词（例如波谱风格），增加图案的艺术效果。

步骤九：输入想要的服装类型，通过提示词控制，生成对应的服装效果图。

（一）非洲传统风格图案

提示词：This pattern blends traditional African textiles and geometry with modern, sharp futuristic motifs like digital circuitry and crystals. It uses a muted, earthy palette of terracotta, olive greens, soft blues, and greys for a calm, sophisticated look.（这种图案将传统的非洲纺织品和几何形状与现代的、锐利的未来主义图案（如数字电路和晶体）融合在一起。它使用了柔和、朴实的陶土色、橄榄绿、柔和的蓝色和灰色，营造出一种平静、精致的外观。）

（二）埃及传统风格图案

提示词：Egyptian traditional patterns featuring hieroglyphics and pharaoh imagery, rich gold and blue colors, geometric shapes, and mystical mythological elements, with an ancient artistic style and intricate details.（埃及传统图案以象形文字和法老形象为特色，丰富的金色和蓝色，几何形状和神秘的神话元素，具有古老的艺术风格和复杂的细节。）

（三）欧洲传统风格图案

提示词：European traditional patterns featuring Gothic and Renaissance elements, with rich floral and geometric designs, intricate details and colors, showcasing classic art and cultural heritage.（欧洲传统图案以哥特式和文艺复兴时期的元素为特色，带有丰富的花卉和几何图案，复杂的细节和色彩，展示了经典的艺术和文化遗产。）

（四）日本传统服饰风格图案

提示词：Japanese traditional garment patterns featuring cherry blossoms, waves, and ukiyo-e elements, with rich colors and intricate details, elegant Wafu design showcasing cultural charm and natural beauty.（日本传统服装图案以樱花、波浪、浮世绘等元素为特色，色彩丰富，细节繁复，典雅的华服设计，展现了文化魅力和自然之美。）

（五）中国民族服饰风格图案

傣族服饰风格鲜明，以其绚丽的色彩和精美的刺绣著称。常见的图案包括细致的几何形状、花卉和自然元素，展现出浓厚的民族风情。傣族服饰通常用鲜艳的织物制成，配有银饰装饰，体现了手工艺的独特魅力和地域文化的丰富内涵。

提示词：Dai ethnic clothing patterns, traditional embroidery designs, rich colors, showcasing ethnic style, featuring floral, geometric shapes, and natural elements, highlighting intricate craftsmanship. （傣族服装图案，传统刺绣图案，色彩丰富，体现民族风格，以花卉、几何形状和自然元素为特色，工艺精湛。）

（六）现代潮流服饰风格图案

现代潮流服饰风格以其创新设计和前卫感为特点，强调简约、干练的线条和独特的细节处理。色彩上往往采用大胆的对比和层次感，融合几何形状和抽象图案，展现出时尚的前瞻性和个性化。材料上，常用高科技面料与经典材质相结合，体现出高端质感和舒适功能，迎合现代都市人的审美需求。

提示词：Modern fashion clothing patterns, innovative design, minimalist yet futuristic, combining geometric shapes and abstract patterns, with stylish color combinations, reflecting avant-garde trends and high-end aesthetics. （现代时尚服装图案，设计新颖，极简又不失未来感，几何造型与抽象图案相结合，搭配时尚的色彩组合，体现前卫潮流与高端审美。）

第二节　虚拟服饰图案设计的造型法则

设计出好的服饰图案，首先要掌握图案的造型法则和形式美法则。图案的造型法则是指导图案创作和设计的基本原则，它们帮助艺术家和设计师创造出具有美感和表现力的图案作品。以下是图案造型的四个核心法则：

一、省略法

图案的形象往往源于自然，但与生活中的实际形象又有所不同。这就要求设计师在创作时，根据图案的艺术特征进行"变形、概括"处理。而省略法，正是这样一种在图案创作中删繁就简的手法。

省略法，顾名思义，就是在创作过程中去掉繁琐的细节，仅保留必不可少的部分，以突出整体特征。这种方法的应用，能够使图案更加简洁明了，便于观众识别和记忆。但需要注意的是，省略并不是简单的删减，而是需要经过深思熟虑，确保所保留的元素能够充分表达图案的主题和意图。

所选 AI 工具：Midjourney

具体内容：如何生成指定特色图案

步骤一：打开 Midjourney，点击左上角"我的服务器"。

步骤二：选择或添加一个频道，进入操作界面。

步骤三：在输入框中打出"/"，点击第一栏。

步骤四：在 prompt 框内输入提示词（提示词内容），点击回车键生成。

对话框输入命令

步骤五：等待数秒后生成四张图片。

输入图案提示词

频道列表

步骤六：如果需要对生成的图案修改，点击重新生成命令，并修改提示词（例如调整整体色调），等待数秒，生成新的图案。

步骤七：点击 U1 可以对图案进行直接放大，点击 V1 可以在原有的基础上进行随机放大。

步骤八：在新的图案基础上加入艺术风格提示词（例如黑白风格），增加图案的艺术效果。

步骤九：输入想要的服装类型，通过提示词控制，生成对应的服装效果图。

提示词：Black background, small pink flowers scattered across the screen, a cute patterned style, a wallpaper design for mobile phones, in the style of Japanese anime. --ar 1:2 --v 6.0.（黑色的背景，粉红色的小花散落在屏幕上，一个可爱的图案风格，一个手机壁纸设计，在日本动漫的风格。）

二、夸张法

夸张法是一种富有创意的艺术表现手法，它通过对物象的外形、神态、习性进行适度的夸大、强调和突出，极大地增强了图案的艺术表现力和视觉冲击力。这种方法允许艺术家打破现实的束缚，以独特的视角和手法展现物象的某些特征或元素，使其更加引人注目，从而有效吸引观众的注意力。

在实际应用中，夸张法可以针对物象的多种特征进行发挥。例如，孔雀那绚丽多彩、展开如扇的羽毛，通过夸张手法可以更加生动地展现其华丽之美；而羊角那独特的漩涡形状，也可以通过夸张处理，使其更具动感和韵律感。

然而，夸张法的运用也需要掌握适度原则。过度的夸张可能导致图案失真，甚至失去美感，因此艺术家在运用夸张法时，需要仔细权衡和把握，确保夸张的效果既能够突出物象的特征，又不会破坏整体的和谐与美感。通过这样的处理方式，夸张法不仅能够为图案设计带来新颖独特的视觉效果，还能够让观众在欣赏过程中感受到艺术的魅力和无限可能。

所选 AI 工具：Midjourney。

具体内容：如何生成指定特色图案。

步骤一：打开 Midjourney，点击左上角"我的服务器"。

步骤二：选择或添加一个频道，进入操作界面。

步骤三：在输入框中打出"/"，点击第一栏。

对话框输入命令

步骤四：在 prompt 框内输入提示词（提示词内容），点击回车键生成。

步骤五：等待数秒后生成四张图片。

输入图案提示词

频道列表

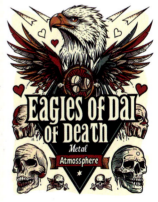

步骤六：如果需要对生成的图案修改，点击重新生成命令，并修改提示词（例如调整整体色调），等待数秒，生成新的图案。

步骤八：输入想要的服装类型，通过提示词控制，生成对应的服装效果图。

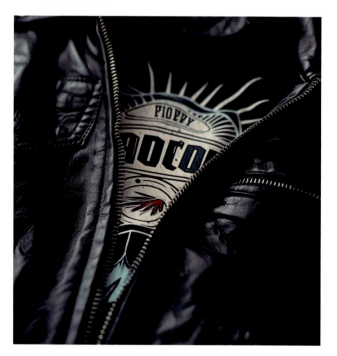

步骤七：点击 U1 可以对图案进行直接放大，点击 VI 可以在原有的基础上进行随机放大。

提示词：Logo, a vector graphic of an embroidery design featuring the head and horns of a wild bull on a black background, in the style of embroidery art, with dark white, red lines and outlines, simple, minimalistic, 2D flat design, high contrast, high resolution（夸张），digital illustration, graphic design-inspired artwork. --ar 35:53 --v 6.0.（标志，一个矢量图形的刺绣设计特色的野生公牛的头和角在黑色的背景下，刺绣艺术的风格，深白，红色的线条和轮廓，简单，极简主义，二维平面设计，高对比度，高分辨率，数字插图，平面设计灵感的艺术品。）

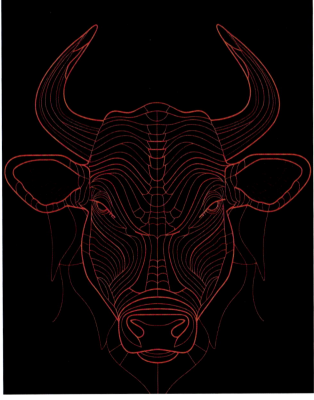

三、调理法（条理与反复）

调理法在艺术创作和设计领域中扮演着重要角色，其核心在于条理与反复两个方面，共同作用于图案的构成与美化。

条理，作为调理法的首要方面，强调的是形象规律化的重复组合。这一过程中，艺术家或设计师会从自然形态中提取主要特征，并通过想象和创意手段，将这些特征元素按照特定的规律和秩序进行排列组合。这种有条不紊、井然有序的排列方式，不仅赋予了图案以清晰的结构和美感，还使得图案更加易于被观众理解和接受。例如，在牡丹花的图案设计中，无论花朵的数量多少，都可以通过规定花朵外形为圆形、花瓣为波浪形、叶子为菱形等手法，来确保所有牡丹花图案形象的一致性和规律性。

反复，则是调理法的另一个重要方面。它指的是图案中的某些元素或单元按照一定的规律重复出现，形成连续不断的视觉效果。这种重复出现的手法，不仅增强了图案的节奏感和韵律感，还使得图案更加生动有趣。在艺术创作和设计中，反复手法的运用十分广泛，无论是简单的几何图形、复杂的自然形态，还是抽象的艺术元素，都可以通过反复的手法来形成独特的图案效果。

综上所述，调理法通过条理和反复两个方面的共同作用，使得图案呈现出一种有序而富有节奏的美感。这种美感不仅符合人们的审美需求，还在艺术创作和设计中发挥着重要的指导作用。无论是传统的工艺美术、现代的平面设计，还是数字媒体的艺术创作，调理法都以其独特的魅力和广泛的应用价值，成为艺术家和设计师们不可或缺的创作手法之一。

提示词：Beautiful pattern with a global, in the style of William Morris, white background, Moroccan style, birds and flowers, very detailed, in the style of William Morris, beautiful bird patterns in the foreground, beautiful white background, pomegranates and oranges, soft orange and light green, cream color palette,（调理）very detailed, in the style of George Barbier, white background, symmetrical design. --ar 59:104 --v 6.0.（具有全球性的美丽的图案，威廉·莫里斯的风格，白色背景，摩洛哥风格，鸟和花，非常详细，威廉·莫里斯的风格，美丽的鸟图案在前景，美丽的白色背景，石榴和橘子，软橙色和淡绿色，奶油色调色板，非常详细，乔治·巴比尔的风格，白色背景，对称的设计。）

提示词：Chinese-style, traditional patterned fabric with a dark blue background and a white border. The design includes butterflies and peonies in yellow and green colors. Along the edge of the picture, there is also a printed outline "Quilt Imagining" in the style of the artist. --ar 1:2 --v 6.0.（深蓝色底白色边的中国传统图案织物，图案包括黄绿两色的蝴蝶和牡丹，沿着画面的边缘，还印有艺术家风格的"被子想象"轮廓。）

四、想象法

　　想象法是图案创作中最为自由和创新的一种法则。自然的形态虽然可以为图案设计提供来源，但人们总是不断追求超越现实的美和理想的美，满足自己的精神世界。图案形态和其他艺术形式一样，它要求艺术家和设计师充分发挥想象力，采用超越现实、充满创造性思维和理想化的手段，创造出独特而富有创意的图案形象。想象法可以打破现实的束缚，将不同元素进行组合、变形和重构，从而创造出全新的图案形态。通过想象法创作的图案手段有添加和理想化两种手段。

　　添加是超越自然真实形态的一种变化手段。它可以在变化的图案上主观添加任何别的形象，组成一个出其不意的图案形态。如动物图案中添加不同的花卉装饰；器物图案中添加相关音乐元素形象；人物头部添加动物元素；团扇轮廓添加建筑等形象信息以创造幻想、完美、离奇、丰富的图案形象。

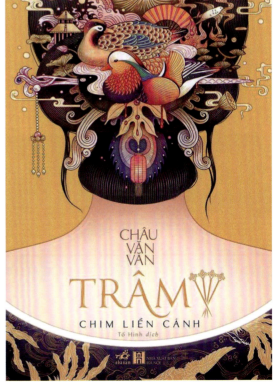

提示词: The cover of the book features an illustration with a golden background, colorful and intricate details. The title "TRAM Y CHUAN" features polygonal shapes, large eyes, bold lines, and vibrant colors. （想象）There is text at the bottom that reads "Chau Van Tram" in English. It has an overall luxurious feel to it. The design includes an inset for headwear and a golden dragon on top. --ar 16:23 --v 6.0.（这本书的封面是金色背景的插图，细节丰富多彩，错综复杂。标题"TRAM Y CHUAN"具有多边形形状，大眼睛，大胆的线条和鲜艳的色彩。底部的文字用英文写着"Chau Van Tram"。它整体上给人一种奢华的感觉。该设计包括一个镶嵌头饰和顶部的金龙。）

提示词: Chinese-style poster, vector illustration, cartoon green color scheme with gold decoration, top view of an open space in the center featuring lotus leaves and mountains surrounding it. A man dressed as Guanyin is floating on his back inside a glass sphere filled with flowers and plants. （夸张）The background features clouds, mountains, and rivers, creating a serene atmosphere. The text "Castle" and the name "Justin" in Chinese characters, along with some auspicious cloud patterns, create a festive atmosphere for a spring festival celebration. --ar 33:46 --v 6.0.（中国风格的海报，矢量插图，卡通绿色配色与金色装饰，在中央的一个开放空间的俯视图，以荷叶和群山环绕。一名装扮成观音的男子正仰面飘浮在一个装满花草的玻璃球里。背景以云、山、河为特征，营造出宁静的氛围。汉字"城堡"和"贾斯汀"的名字，以及一些吉祥的云图案，为春节庆典营造了喜庆的气氛。）

五、理想化

　　作为图案变化的一大特点，常常以某一明确的目的或意义追求为目标进行添加与创造。它常常采用主观向往的方式，将不同空间、时间、类型的形态，甚至是不存在的事物，超越现实地组合在一起，从而表现出人的主观意向。中国的卷草纹图案、宝相花图案、吉祥图案等，都是通过这种方式创造出来的。另外，通过建立某一理想形态，再将其他形态打散后按照新的想象进行组合，也是理想化的一种重要手法。中国的龙凤图案、埃及的狮身人面像以及众多的图腾图像，都是如此创造出来的。总之，展开理想化的翅膀，是创作图案的重要途径。

　　在图案创作中，造型法则是指导创作和设计的基本原则。其中，省略法、夸张法、调理法和想象法各自具有独特的作用和价值。它们相互交织、共同作用，构成了图案造型的丰富内涵和多样表现。在图案创作实践中，艺术家和设计师需要灵活运用这些法则，以创造出具有美感和表现力的图案作品。这不仅是对传统技艺的传承，更是对创新精神的展现。

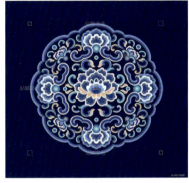

宝相花图案

吉祥图案　　　　　　　　　　　　　　　　　　　　　卷草纹图案

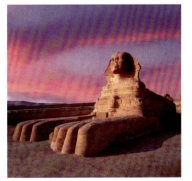

龙凤图案　　　　　　　　　　　　　　　　埃及的狮身人面像

提示词：Embroidery pattern design, super clear embroidery texture, traditional Chinese decorative flower pattern with blue and white porcelain color scheme, light beige background, minimalist style, simple art lines, circular embroidered badge, symmetrical composition, minimalism, gilt, bright colors, ultra-high definition details, no text or letters. A beautiful and elegant large round metal plate made of silver metal is embroidered in the center of an all-square motif. The intricate floral patterns on its surface sparkle like diamonds. It exudes elegance and luxury.（刺绣图案设计，超清晰的刺绣质感，中国传统装饰花卉图案配青花瓷配色，浅米色背景，风格极简，艺术线条简洁，圆形绣花徽章，对称构图，极简，镀金，色彩鲜艳，细节超高清，无文字、无字母。一个美丽而优雅的大圆形金属板由银金属制成，绣在全方形图案的中心。其表面错综复杂的花卉图案像钻石一样闪闪发光。它散发着优雅和奢华。）

提示词: A flat vector illustration of an elegant, symmetrical floral mandala design in pastel blue, coral, and cream colors on a beige background, with clean lines and a minimalist aesthetic. (理想化) The intricate pattern is filled with delicate shapes and subtle gradients, creating a harmonious composition that evokes the beauty in the style of Art Nouveau. (一个优雅的平面矢量插图，对称的花朵曼陀罗设计在淡蓝色，珊瑚色和米色的米色背景上，具有干净的线条和极简主义的美学。复杂的图案充满了精致的形状和微妙的渐变，创造了一个和谐的构图，唤起了新艺术运动风格的美。)

第三节 虚拟服饰图案设计的形式美法则

一、变化与统一

变化与统一是图案设计中最基本的形式美法则，也是一切造型艺术的普遍规律。变化指的是图案中各元素之间的差异与多样性，在造型上强调形体的大小、方圆、高低、宽窄的变化对比；在色彩上讲究冷暖、明暗、浓淡、鲜灰的对比；在线条上讲究粗细、曲直、长短、刚柔的排列变化；在工艺材料上讲究软硬、光滑与粗糙的质地变化。以上对比因素处理得当，可以赋予图案以生动和活力。

而统一则是指图案整体上的和谐一致，它确保所有元素相互关联，形成一个协调的整体。在图案设计中，讲究统一性，应注意图案的造型、构成和色彩之间的内在联系，把各个变化的局部统一在整理的"同类形"、"同类色"有机联系之中。我们可以通过重复使用某些设计元素（如色彩、形状）来建立统一性。同时，在统一的基础上，通过细微的变化（如大小、方向的调整）来增加视觉的趣味性，做到整体统一，局部有变化，使图案更加吸引人。

所选 AI 工具：Midjourney

具体内容：如何生成指定特色图案。

步骤一：打开 Midjourney，点击左上角"我的服务器"。

步骤二：选择或添加一个频道，进入操作界面。

步骤三：在输入框中打出"/"，点击第一栏。

对话框输入命令

步骤四：在 prompt 框内输入提示词（提示词内容），点击回车键生成。

步骤五：等待数秒后生成四张图片。

输入图案提示词

频道列表

步骤六：如果需要对生成的图案进行修改，就要点击重新生成命令，并修改提示词（例如调整整体色调），等待数秒，生成新的图案。

步骤七：点击 U1 可以对图案进行直接放大，点击 V1 可以在原有的基础上随机放大。

步骤八：输入想要的服装类型，通过提示词控制，生成对应的服装效果图。

提示词：Hand-drawn floral pattern, seamless repeating pattern, simple shapes, large brush strokes, black ink on a cream background, flowers and leaves. The flowers have petals, and they exhibit a slight movement in the negative space of the design.（统一）The flowers come in various sizes.（变化）手绘花卉图案，无缝重复图案，简单的形状，大笔触，黑色墨水在奶油色的背景，花和叶。花朵有花瓣，它们在设计的负空间中表现出轻微的运动，这些花大小不一。）

二、对比与调和

对比与调和是图案设计取得变化与统一的重要手段，也是增强视觉效果和审美平衡的重要法则。对比强调图案中元素之间的差异，强调质或量方面的差别，或者有差异的各种形式要素的对比关系。强调构图的虚与实、聚与散；形体的大与小、轻与重；线条的长与短、粗与细、密与疏；色彩的明与暗、冷与暖，通过对比产生活泼变化、丰富跳跃的效果，给人以强烈新鲜多样饱满的感觉。

而调和则是通过调整这些对比元素，使图案造型设计中的线、形、色以及质感等都运用相同或近似要素，产生一致性，使图案造型在一定程度上相互协调，避免过于突兀，具有和谐、优雅之美。

在图案设计中，我们可以使用色彩轮上的对比色来创造强烈的视觉效果。同时，通过调整色彩的饱和度、明度或加入中间色来实现调和，使图案在保持对比的同时，也具有和谐的美感。

所选 AI 工具：Midjourney。

具体内容：如何生成指定特色图案。

步骤一：打开 Midjourney，点击左上角"我的服务器"。

步骤二：选择或添加一个频道，进入操作界面。

步骤三：在输入框中打出"/"，点击第一栏。

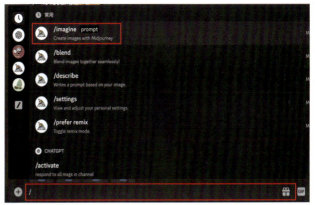

对话框输入命令

步骤四：在 prompt 框内输入提示词（提示词内容），点击回车键生成。

步骤五：等待数秒后生成四张图片。

输入图案提示词

频道列表

步骤六：如果需要对生成图案修改，点击重新生成命令，并修改提示词（例如调整整体色调），等待数秒，生成新的图案。

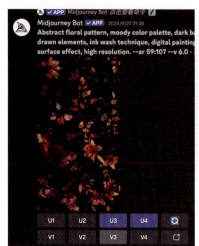

步骤七：点击 U1 可以对图案进行直接放大，点击 VI 可以在原有的基础上随机放大。

步骤八：输入想要的服装类型，通过提示词控制，生成对应的服装效果图。

提示词：Abstract floral pattern, moody color palette, dark background, digital art style, vector illustration, flat design, hand-drawn elements, ink wash technique, digital painting, fluid brush strokes, dark purple and light amber tones, textured surface effect, high resolution.（抽象花卉图案，喜怒哀乐的调色板，深色背景，数字艺术风格，矢量插图，平面设计，手绘元素，水墨技巧，数字绘画，流体笔触，深紫色和浅琥珀色调，纹理表面效果，高分辨率。）

三、节奏与韵律

节奏与韵律是图案设计中赋予动态美感和视觉流动的重要法则。节奏指图案中元素重复出现的规律，如同音乐中的节拍，在图案设计中，我们可以使用重复的图案单元进行可连续的、规律性的反复出现来创建节奏，赋予图案以动态和活力。

而韵律则是在节奏的基础上，通过逐渐改变单元的大小、间距或方向，或者元素间的间隔、大小、形态等，创造出一种流动感和连续性，使图案在保持节奏的同时，也具有流动和连续的美感。

以自然风景为例，我们可以看到节奏与韵律在自然界中的体现。树叶的排列、波浪的起伏等都展现出一种自然的节奏和韵律。在图案设计中，我们可以将这种自然韵律融入其中，创造出既具有动态美感又充满自然韵味的图案作品。

节奏与韵律是图案设计中赋予动态美感和视觉流动的重要法则。掌握这一法则，可以帮助设计师创造出既生动又富有韵律感的图案作品，使图案更加引人入胜。

所选 AI 工具：Midjourney。

具体内容：如何生成指定特色图案。

步骤一：打开 Midjourney，点击左上角"我的服务器"。

步骤二：选择或添加一个频道，进入操作界面。

步骤三：在输入框中打出"/"，点击第一栏。

频道列表

对话框输入命令

步骤四：在 prompt 框内输入提示词（提示词内容），点击回车键生成。

步骤五：等待数秒后生成四张图片。

输入图案提示词

步骤六：如果需要对生成的图案进行修改，需要点击重新生成命令，并修改提示词（例如调整整体色调），等待数秒，生成新的图案。

步骤七：点击 U1 可以对图案进行直接放大，点击 V1 可以在原有的基础上随机放大。

步骤八：输入想要的服装类型，通过提示词控制，生成对应的服装效果图。

提示词：A pattern of lotus flowers and leaves, arranged in rows on the surface of blue paper. The lines of white ink create delicate textures that highlight details such as petals and stamens.（节奏）This design is suitable for use as wallpaper or fabric material in the style of Chinese art. It adds beauty to any space it is placed in（韵律）。（在蓝纸表面成行排列的荷花和荷叶图案，白色墨水的线条创造了精致的纹理，突出了花瓣和雄蕊等细节。这种设计适合用作中国艺术风格的墙纸或织物材料。它为任何放置它的空间增添了美感。）

四、对称与均衡

对称与均衡是图案设计中实现视觉稳定和吸引力的重要手段。对称指图案沿某条轴线或中心点两侧元素完全相同，给人以稳定、庄重的美感。自然界中到处都是对称的形式，如人体，人的面部，动物植物等都是左右对称的典型，他们的特征是具有统一的韵律感。在图案设计中，他们的特点就是具有统一的规律感，适合于表现静态美的经典效果。不足之处就是过多的应用会产生僵硬、呆板的感觉。

而均衡的美感，主要是在不对称的布局中，通过调整元素的大小、重量或分布，达到视觉和心理上的平衡。平衡美感是一种"量感"和"力量"的平衡状态。同时，在非对称设计中，我们可以通过视觉重量的分配来实现均衡，使图案的形式以不失中心为原则，在保持变化的同时，也具有整体的平衡感，创造出活泼生动的动态美。

对称与均衡是图案设计中实现视觉稳定和吸引力的重要法则。掌握这一法则，可以帮助设计师创造出既稳定又富有变化的图案作品。

所选 AI 工具：Midjourney。

具体内容：如何生成指定特色图案。

步骤一：打开 Midjourney，点击左上角"我的服务器"。

步骤二：选择或添加一个频道，进入操作界面。

步骤三：在输入框中打出"/"，点击第一栏。

频道列表

对话框输入命令

步骤四：在 prompt 框内输入提示词（提示词内容），点击回车键生成。

步骤五：等待数秒后生成四张图片。

输入图案提示词

步骤六：如果需要对生成的图案进行修改，点击重新生成命令，并修改提示词（例如调整整体色调），等待数秒，生成新的图案。

步骤八：输入想要的服装类型，通过提示词控制生成对应的服装效果图。

步骤七：点击 U1 可以对图案进行直接放大，点击 V1 可以在原有的基础上随机放大。

提示词：A detailed close-up of an elaborate Japanese fabric, adorned with intricate patterns and motifs inspired by the majestic peacock's tail feathers. The colors include shades of blue, gold, green, and silver, creating a visually stunning composition that captures both elegance and complexity in its design.（精美的日本织物的详细特写，装饰着复杂的图案和主题，灵感来自雄伟的孔雀尾羽。颜色包括蓝色、金色、绿色和银色，创造了一个视觉上令人惊叹的构图，在设计中既优雅又复杂。）

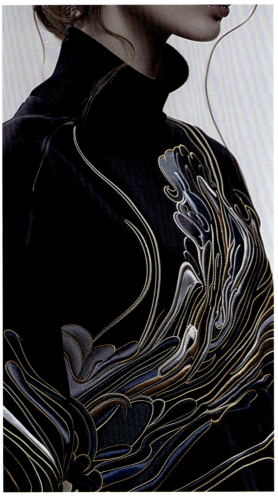

第二节　传统与AI结合主题服装设计

设计师：吴嘉栋

在时尚设计的演进长河中，传统设计流程始终承载着人类对美的直觉与文化的温度——从主题调研中汲取历史文脉的养分，到设计稿上一笔一画勾勒的匠心，设计师以双手为媒介，将灵感转化为具象的创作。然而，在数字化浪潮的推动下，人工智能技术正为这一古老的艺术形式注入新的可能性。本章探讨的"传统与AI结合"设计范式，并非对人文精神的消解，而是以技术为支点，构建一场跨越时空的创造性对话。在设计前期，设计师仍以深度调研、手绘草图、面料实验等传统方式完成创意孵化，确保作品的文化深度与情感共鸣；而在效果呈现阶段，AI工具（如Midjourney、Stable Diffusion等）则成为突破物理限制的"数字画布"，通过输入手绘稿、关键词与风格参数，快速生成高精度效果图及多元变体方案。下面以"波普艺术与有机现代主义交融：一场前卫与自然的时尚探索"为例来说明，传统与AI结合服装设计的流程。

一、分析主题

波普艺术是一种以流行文化为灵感来源的艺术形式，其特点是摆脱了传统艺术中关于神话、道德或古典历史的"高地"题材，转而关注日常生活中的平凡物品与大众文化。纽约的艺术家如沃霍尔、基思·哈林和詹姆斯·罗森奎斯特等人，都曾通过波普艺术创作探讨流行文化的视觉语言。这种艺术形式试图模糊"高"艺术与"低"文化之间的界限，将流行文化元素提升至传统艺术的高度。

在服装设计中，我们可以汲取波普艺术的精髓，选取生活中的商业图案、卡通形象等作为渲染元素，通过这种方式实现对高低文化界限的突破。同时，借鉴有机现代主义的设计理念，采用不对称斑点与多向曲线进行裁剪，赋予作品自然灵动的美感，从而形成一种独特的设计风格。这一设计思路既体现了波普艺术的流行性与趣味性，又融入了有机现代主义的自然灵动，展现出一种兼具创新性与时代感的时尚表达。

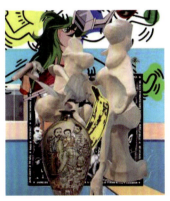

二、创意可视化

在深入分析主题后，我们开始创意的可视化过程。首先，根据既定的设计理念，精心绘制一系列主题相关的辅助效果图，这些效果图不仅展现了设计的初步构想，还细腻地描绘了色彩搭配、图案布局等细节。随后，在多次讨论与修订后，我们确定了最终的设计方案，并借助先进的 AI 工具，将这份创意转化为精确的款式图。这一步骤不仅极大地提高了设计效率，还确保了设计细节的精准呈现，为后续的服装制作奠定了坚实的基础。

INSPIRATION
灵感素材

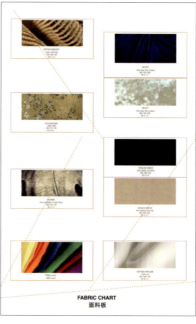

FABRIC CHART
面料板

MOOD BOARD
情绪板

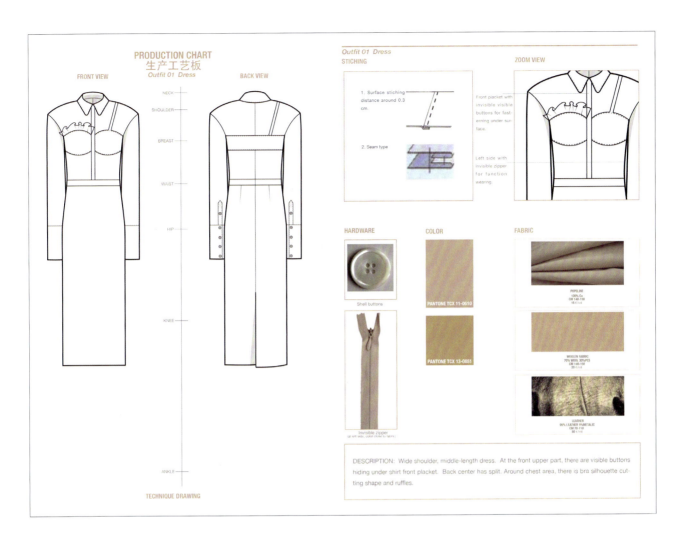

PRODUCTION CHART
生产工艺板
Outfit 01 Dress

FRONT VIEW   BACK VIEW

NECK
SHOULDER
BREAST
WAIST
HIP
KNEE
ANKLE

TECHNIQUE DRAWING

Outfit 01 Dress
STICHING   ZOOM VIEW

1. Surface stiching distance around 0.3 cm.

2. Seam type

Front placket with invisible visible buttons for fast-erning under sur-face.

Left side with invisible zipper for function wearing.

HARDWARE   COLOR   FABRIC

Shell buttons

PANTONE TCX 11-0610

PANTONE TCX 13-0851

Invisible zipper
(at left side, color close to fabric)

POPELINE
100% Co
CM 140-150
16 €/mt

WOOLEN FABRIC
70% WOOL 30%PES
CM 140-150
20 €/mt

LEATHER
90% LEATHER 9%METALLIC
CM 70-110
50 €/mt

DESCRIPTION: Wide shoulder, middle-length dress. At the front upper part, there are visible buttons hiding under shirt front placket. Back center has split. Around chest area, there is bra silhouette cutting shape and ruffles.

三、AIGC生成真实穿着图

提示词：A full-body portrait of a fashion model wearing a beige knee-length dress, autumn style, paired with dark brown ankle boots, showcasing intricate details , showcasing a stylish outfit,striking features,showcasing intricate patterns and textures.（一名时尚模特身穿米色及膝长裙，秋风，搭配深棕色短靴，展现了复杂的细节，展现了时尚的服装，引人注目的特征，展现了复杂的图案和纹理。）

效果图生成步骤：

步骤一：点击加号，选择上传文件，上传你需要的图片。

步骤二：点击上传图片，右击点击复制链接。

步骤三：点击键盘"/"，选择imagine，粘贴图片链接和提示词。

第三节 AIGC服装设计

在本节中,我们将深入探讨 AIGC 在服装设计领域的应用潜力及其创新价值。通过将先进的人工智能算法与设计思维相结合,AIGC 能够智能生成丰富多样的服装纹理图案、创新性的剪裁方案以及完整的造型设计蓝图,为设计师提供全新的创作灵感与技术支持。从最初的灵感构思到精确的手绘设计图,再到最终成品的数字化呈现,每一个环节均可通过人工智能技术实现自动化完成。这种创作方式使设计师能够专注于对生成内容的筛选与优化,最终将 AI 生成的元素转化为独特且富有创意的服装作品。这不仅大幅提升了设计效率,也为传统设计模式注入了全新的活力。通过 AIGC 技术,服装设计的边界得以突破,为时尚行业开辟了一个充满可能性的创新未来。

一、灵感板创作

灵感来源于中国传统非物质文化遗产——丝绒花工艺,融合了现代时尚的服装设计元素。丝绒花作为一种传统的手工艺术,其精致、华丽的花朵通过巧妙的绣线与丝绸面料勾画出细腻的花纹,象征着细致与优雅。设计灵感来源于这项古老技艺与现代时尚的碰撞与融合。

第一步:打开 Midjourney,在对话框中输入指令 /image prompt 并回车。

第二步:在对话框中描述确定的主题内容,即提示词与指令(例如 "mood board, Theme: "New Life of Intangible Cultural Heritage', Intangible cultural heritage velvet flower process, Modem fashion clothing styles, Traditional intangible cultural heritage velvet flower craft decoration clothing, Color coordination, Multi-element Fusion, No words. No animals.--ar 16:9"(情绪板,主题:"非遗丝绒花新生活",非遗丝绒花工艺,现代时尚服装风格,传统非遗丝绒花工艺装饰服装,色彩协调,多元素融合,无文字,无动物 – 构图比例 16:9)。

第三步:回车数秒后生成四张备选图片。

第四步：从四张备选图中点击满意的一张，选择对应 U 的编号，例如 U1 会生成第一张图片的高清图。

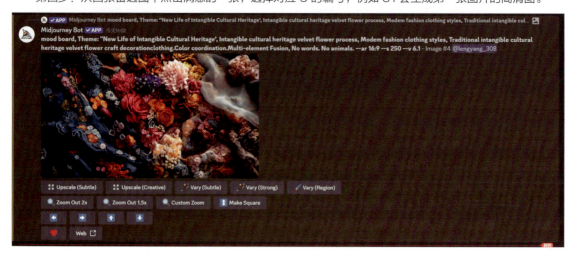

第五步：点击图片并点击"保存图片"，选择保存位置，即可保存到本地。

第六步：制作灵感板的文字说明。打开 ChatGPT 或 Sider。在对话框选择需要撰写文案的灵感板图片上传，可以上传通过"服装企划灵感板设计"生成的灵感素材，输入指令描述该图片。几秒后获得对应图片描述。

第七步：输入指令"这是 2025 春夏女装主题的封面图，请帮我写主题文案"并回车。最终获得灵感板文字说明。

二、案例展示

（一）主题介绍

灵感来源于大自然的壮丽景色与传统艺术的融合。设计灵感汲取自雪山与粉色花朵的诗意场景，结合了中国传统山水画的元素与现代时尚剪裁，呈现出一种浪漫且高雅的视觉语言。细节方面，灵感来源于传统水墨画的笔触与艺术效果。服装上运用手工刺绣技艺，以精致的花朵与山水图案装饰，展现传统艺术中的细腻笔触与层次感。设计中也融入了柔和流畅的线条，模仿画作中的笔画动势，使服装更具动感和生命力。将大自然的韵律与传统艺术的精髓呈现在时尚舞台上。

第一步：在对话框中输入 /image 后按回车键，在 prompt 框中输入提示词（mood board, Theme: Tibetan elements, pink, black, patterns, mountain peaks, snow-capped mountains, and Tibetan wildflowers (Gesanghua). --ar 16:9）。按回车键

第二步：等待数秒后生成四张不同的图片可供选择，选择最喜欢的一张并点击下方对应的 U（第几张就是 U 几）。等待数秒后得到高清图，右击图片选择保存图片，即可将图片保存到本地。

第三步：将图片上传至 ChatGPT 并发布指令"这是 2025 春夏女装主题的封面图，请帮我写主题文案"即可得到灵感板文字说明。

这是2025春夏女装主题的封面图，请帮我写主题文案

这张春夏女装主题的封面图呈现了藏族自然山水的壮丽景色，融入了粉色的花朵和雪山的背景。以下是我为您创作的主题文案：

2025春夏女装系列：山水之间，花开藏韵

2025春夏，时尚与自然交织，在雪山的怀抱中，花朵绽放，春风拂过。灵感源自藏族的神秘自然景观，设计融入了大自然的力量与生命的韵律。粉嫩的格桑花与冰雪山脉相映成辉，象征着坚韧与柔美并存，犹如藏族文化的内敛与绚烂。

每一件作品，都以大地色调为基底，呈现出藏区春夏的鲜明色彩，粉色的花朵如同生命的礼赞，黑色和山脉的轮廓则彰显了服装的力量与独特气质。细腻的花纹与山水的诗意交织，让穿着者仿佛置身于这片神奇的土地，感受到大自然的纯粹与美丽。

给 ChatGPT 发送消息

＋　⊕ 搜索　♀ 推理

ChatGPT 也可能会犯错。请核查重要信息。

（二）创意与展示

第一步：在 ChatGPT 中输入指令"根据以上文案帮我写一段提示词，让 Midjourney 帮我设计几个服装效果图"。在 Midjourney 中打开 /image，将英文粘贴至 prompt 中并按回车键。等待数秒后得到几个不同的设计图。

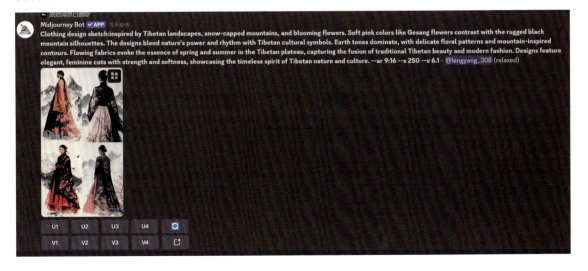

第二步：将满意的 Midjourney 生成的设计图保存到本地，点击对话框双击"+"上传满意的图片。点击 Enter 发送。

第三步：点击图片，复制图片链接。

第四步：输入对话框 /image，在 prompt 中粘贴复制的链接再输入关键词（真实感，模特穿着，模特图效果），再输入图片参数，如 --ar9: 16（图片尺寸）。

第五步：按回车键等待数秒后得到真实穿着图片。

三、AIGC 艺术家主题服装设计

　　在当今数字化的时代，服装设计领域借助先进的 AIGC 技术，为设计师们开辟了全新的创作路径。尤其是在进行特定艺术家主题风格的服装设计时，操作过程变得简便又高效。通过 AIGC 生成这类独特风格的服装设计时，无需复杂的流程，仅需在提示词中精准地输入知名艺术家的名字，AI 强大的算法和丰富的数据储备就会开始运作。它能够深入剖析该艺术家的风格特点，无论是绘画风格、色彩运用、表现手法还是艺术理念等方面。然后，基于这些理解，自动生成贴合这个艺术家风格的服装主题设计，为服装设计带来充满创意与艺术感的灵感启发。

> **克里斯汀·迪奥1947"新风貌"系列**
> 提示词：elegant Dior New Look fashion, 1947 Christian Dior collection, hourglass silhouette, full skirts, feminine, luxurious fabrics, detailed embroidery, vintage couture, modern twist, soft pastel colors, sophisticated tailoring, classic chic, timeless elegance, haute couture runway look,1947 Dior New Look fashion, elegant full skirt, cinched waist, luxurious fabric, detailed embroidery, feminine silhouette, vintage couture, soft pastel colors, sophisticated and luxurious, 1950s haute couture dress, classic vintage style, graceful and feminine, high-end fashion --ar 9:16 --v 6.0.（优雅的"迪奥新风貌"时尚，1947年迪奥系列，沙漏廓形，长裙，女性化，奢华的面料，详细的刺绣，复古时装，现代改编，柔和的颜色，精致的剪裁，经典别致，永恒的优雅，高级定制时装秀外观，1947年"迪奥新风貌"时尚，优雅的长裙，束腰，奢华的面料，精致的刺绣，女性化的轮廓，复古时装，柔和柔和的颜色，精致和豪华，20世纪50年代的高级定制连衣裙，经典复古风格，优雅女性化，高端时尚。）

亚历山大·麦昆风格服装

提示词：avant-garde Alexander McQueen fashion, edgy, rebellious, dramatic silhouettes, structured tailoring, sharp lines, gothic, high fashion runway, intricate detailing, dark romanticism, bold patterns, oversized elements, unexpected shapes, unconventional materials, skull motifs, futuristic and vintage fusion, dark color palette with hints of metallic, intricate draping, sculptural designs, couture craftsmanship --v 6.0.（前卫的亚历山大·麦昆时尚，前卫，叛逆，戏剧性的轮廓，结构化的剪裁，尖锐的线条，哥特式，高级时装T台，复杂的细节，黑暗浪漫主义，大胆的图案，超大的元素，意想不到的形状，非常规的材料，骷髅图案，未来主义和复古的融合，带有金属暗示的深色调色板，复杂的褶皱，雕塑设计，高级定制工艺。）

草间弥生风格服装

提示词: vivid Yayoi Kusama fashion, bold polka dots, infinite dots patterns, psychedelic colors, surreal design, playful, avant-garde fashion, red, black, white, yellow, and green color palette, geometric and organic shapes, whimsical yet structured garments, statement pieces, contemporary art-inspired fashion, organic flow with structured forms, graphic prints, repetition and obsession with patterns, artistic prints, innovative use of materials like silk, cotton, and mesh, vibrant, maximalist style, limitless space concept, powerful visual impact, runway look with a fusion of art and fashion --ar 9:16 --v 6.0.（生动的草间弥生时尚，大胆的波尔卡圆点，无限的圆点图案，迷幻的色彩，超现实的设计，俏皮前卫的时尚，红、黑、白、黄、绿的配色，几何和有机的形状，异想式但有结构的服装，吸睛单品，当代艺术灵感的时尚，有机流动与结构形式，图形印花，重复和痴迷于图案，艺术印花，创新使用的材料，如丝绸，棉花和网格，充满活力的，最大的风格。无限的空间概念，强大的视觉冲击力，融合艺术与时尚的T台造型。）

伊夫·圣·罗兰风格服装

提示词：vibrant Yves Saint Laurent fashion, high-saturation colors, bold color blocking, inspired by Mondrian art, luxurious fabrics, elegant tailoring, glamorous evening gowns, sharp contrasts, jewel tones like emerald green, ruby red, sapphire blue, gold accents, Parisian chic, vintage haute couture, dramatic silhouettes, opulent embellishments, innovative use of silk and velvet, timeless yet modern, Art Deco influences, artistic patterns, statement pieces for women with confidence and grace, 1970s-inspired luxury, sophisticated and vibrant runway look --ar 9:16 --v 6.0. (充满活力的伊夫·圣·罗兰时尚，高饱和度的色彩，大胆的色块，灵感来自蒙德里安艺术，奢华的面料，优雅的剪裁，迷人的晚礼服，强烈的对比，宝石色调，如翡翠绿，红宝石红，蓝宝石蓝，金色的色调，巴黎别致，复古高级时装，戏剧性的轮廓，华丽的装饰，丝绸和天鹅绒的创新使用，永恒而又现代，装饰艺术的影响，艺术图案，自信和优雅的女性宣言。20世纪70年代风格的奢华，精致和充满活力的T台外观。)

第三节 AIGC面料及工艺表现

一、面料材质

对于服装设计师而言，深入掌握面料的特性与品质不仅是基础技能，更是决定作品成败的关键因素。面料的选择直接影响着最终成品的美感、功能性以及穿着体验。在当今数字化与人工智能快速发展的时代，结合传统设计理念和 AIGC 技术的应用，可以为面料选用注入更多可能性与效率。

面料的质地与手感直接决定了服装的廓形美感与悬垂效果。例如，丝绸面料因其轻盈流畅的特性，能够自然地贴合身体曲线，展现出优雅的造型；而厚重的羊毛面料则更适合营造结构化的设计，赋予服装以稳固感与质感。此外，AIGC 技术可以通过算法模拟不同面料的悬垂特性，为设计师提供直观的视觉效果预估，从而可以更精准地选择合适的面料。

在服装设计过程中，要充分考虑面料外观与功能需求的契合性。以实用型服装为例，牛仔服装要求舒适、耐磨且穿

着持久，这使得坚韧且结构稳定的斜纹布成为首选；而风雨衣则需兼顾轻便与防护性能，此时带有涂层的棉质材料因其平衡性成为理想之选。AIGC 技术在此过程中可以发挥重要作用：通过分析海量面料数据库，AI 系统能够快速匹配最符合设计需求的材料，并提供详细的物理特性评估报告，从而为设计师节省时间并提升效率。

另一方面，面料的弹性与透气性能在特定服装设计中尤为重要。例如，紧身合体的 T 恤需要具备良好的拉伸性与透气性，这时选择高品质的棉针织物或带有弹性纤维的混纺面料将是最佳选择。而在 AIGC 辅助设计中，AI 可以通过生成不同面料的三维模拟图像，帮助设计师直观了解其穿着效果，从而做出更科学的决策。

最后，面料的审美特性同样不可忽视，这包括色彩的饱和度、图案的美感以及质地的视觉效果等。例如，一件轻薄

的连衣裙可能会选用具有花卉印染图案的真丝面料，以赋予其独特的美感。而在 AIGC 技术的支持下，设计师可以快速生成不同面料的数字化样本，实时预览其在成品中的视觉效果，并根据需要进行调整与优化。

在传统服装设计中，面料的选择始终是决定作品成功的关键因素。而在 AIGC 技术的辅助下，设计师不仅能够更高效地完成这一过程，还能通过人工智能的强大计算能力和海量数据分析，发现更多创新的设计可能性。这种传统与科技的结合，不仅提升了设计效率，也为服装行业带来了前所未有的创作自由与多样性。在未来，AIGC 技术将继续深化其在面料选用中的应用，为设计师提供更加智能化、精准化的解决方案，从而推动时尚产业向更高层次发展。

（一）天然纤维面料

在时尚设计中，天然纤维扮演着至关重要的角色。它们不仅提供了独特的触感和外观，还因其可持续性和环保特性受到越来越多的关注。在虚拟时尚设计中，人工智能（AIGC）可以发挥重要作用。通过 AI 算法，设计师能够更高效地预测不同天然纤维的性能，如耐磨性、伸缩性等，从而优化面料选择和服装造型。此外，AIGC 还能生成多样化的图案和颜色组合，为天然纤维面料产品注入更多创意。

（二）化学纤维面料

在现代时尚产业中，化学纤维扮演着重要角色，它们通过化学工艺从天然或合成原料中制备而成，为服装和家居用品提供多样化的选择。

化学纤维主要分为两类：再生纤维和合成纤维。再生纤维通常来源于植物，如木浆，是生产人造丝、天丝、醋酯纤维等的基础原料。这些纤维保留了部分天然纤维素的特性，兼具柔软性和耐用性。此外，环保型再生纤维通过闭环生产工艺减少环境影响，也逐渐受到关注。

合成纤维则完全由化学合成材料制成，如涤纶、丙纶尼龙等合成纤维。这些纤维生产的以其高强度、抗皱和易干的特点，被广泛应用于运动服和外套中。

在 AIGC 虚拟时尚设计中，人工智能能够帮助设计师预测不同化学纤维的性能，优化面料选择，并生成创新造型。通过 AI 技术，可以模拟各种化学纤维面料的视觉效果和触感，提升设计效率与创意。同时，AIGC 还能协助开发更环保的生产工艺，为可持续时尚贡献力量。

二、 面料的组织结构

（一）机织面料

机织面料是由沿着面料长度方向的经纱和横跨布幅宽度的纬纱相互交织而成的。经纱和纬纱在织物中起到支撑和结构的作用，共同构成了织物的基本骨架，也被称为"织物纹理"。在裁剪服装时，为有效控制服装的结构，通常会将主要的分割线与经纱方向保持一致。这种方法可以帮助维持面料的原有张力，避免因不当裁剪导致的变形或不必要的松弛。

然而，斜裁作为一种特殊的裁剪技术，可以通过将裁剪方向设置为与经纱和纬纱呈一定角度（如45°），从而赋予织物独特的悬垂感和弹性。这种裁剪方式能够增强服装的美观度，同时提供更大的活动舒适性。

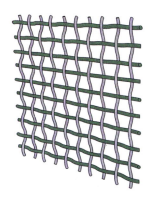  

（二）针织面料

针织面料是由一根连续的纱线通过形成相互连接的环状结构（即"线圈"）而生成的。这种独特的结构使得针织面料具备良好的拉伸性能和回弹性。具体来说，针织面料可以沿着经向或纬向进行织造，这意味着设计师在制作过程中拥有更大的灵活性，以应对不同的需求。

针织面料中，线圈的排列方式也有其特殊的术语：横向的排列被称为"线圈横列"，纵向的排列被称为"线圈纵行"。理解这些基本概念对于掌握针织面料的特性和应用至关重要。

通过以上对机织面料和针织面料结构的介绍，学生可以更好地理解不同面料的独特之处，从而在实际设计和制作中做出更为明智和合适的选择。这不仅有助于提升服装的质量和舒适度，也能增强作品的美学表现力。

（三）非织造面料

　　非织造面料是一种通过物理或化学方法将纤维紧密压制在一起形成的面料，其制作工艺与传统机织或针织面料截然不同。常见的制作方法包括加热压缩、机械摩擦和化学结合等，能够赋予面料独特的性能。例如，毛毡通过摩擦动物毛发制成，具有良好的保暖性；橡胶皮则在纤维基底上涂覆橡胶层，具备防水、防撕裂等特性。此外，高科技材料如特卫强（Tyvek）由聚乙烯纤维缠结形成，类似纸张结构，轻便且耐用。

　　非织造面料在时尚服装、辅助材料和鞋类配件等领域有广泛应用。部分非织造面料具备可回收性，如特卫强，可回收利用且可机洗，有助于减少环境污染。非织造面料在虚拟时尚设计中具有重要地位，为设计师提供了更多创作可能性，同时符合现代绿色设计理念。

（四）其他面料

　　除了机织、针织和非织造面料，尚有一类特殊的面料因其独特的结构与制作工艺而被单独分类，如流苏花边、钩花和蕾丝等。

　　流苏花边：通过将纱线以装饰性或编结的手法进行构造，使得面料呈现出"手工精制"的外观特色。这种工艺常用于服装的边缘装饰，赋予作品独特的美感。

　　钩花：利用钩针从前一个链状线圈中拉拽出一个或多个线圈来形成面料结构。这与针织面料不同之处在于，钩花完全由线圈组成，且只有当线头末端从最后一个线圈中拉出时，整个钩花作品才算完成。这种结构能够构成具有丰富图案的面料。

　　蕾丝：通过特殊的制作技术打造出轻薄且具通透孔洞结构的面料。在蕾丝中，纹样的凹形孔洞与凸形图案同样重要，它们共同构成了蕾丝独特的艺术魅力。这种面料常用于高级服装和家居装饰，因其精致细腻而备受推崇。

　　这些特殊面料在时尚设计中具有不可替代的地位，为作品增添了独特的美学价值和工艺魅力。

三、面料工艺表现

在完成基本织造后，通过多种加工工艺可以赋予面料丰富多样的表面效果。常见的工艺包括印花、刺绣、染色和水洗整理等，这些技术不仅提升了面料的装饰性，还能满足不同设计需求。此外，先进的工艺能够改变面料的质感与功能特性，为虚拟时尚设计提供更多创作可能性。

（一）印花工艺

在 AIGC 虚拟时尚设计中，印花作为一种关键的装饰工艺，赋予了面料丰富多样的视觉效果。通过数字化模拟和人工智能算法，设计师能够轻松实现精细复杂的图案设计，并实时预览其在不同材质和服装上的呈现效果。

丝网印花：丝网印花是一种高效且常用的技术，需预先准备设计稿。操作步骤如下：使用蜡纸将设计稿绘制，并转移至拉伸在框架上的丝质材料上；将油墨置于丝网上，仅允许从设计稿的"正面"区域透过；将丝网覆盖在面料上，用橡皮滚子均匀涂布油墨，将图案印制到面料上。最后需加热固色以防褪色；对于多色设计，可使用不同颜色的丝网板逐步完成。

手工模板印花：手工模板印花是最古老的印花形式，涉及将图案刻制在硬质材料（如木头、漆布或橡胶）上，形成浮雕正形或负形。操作步骤包括：将模板蘸取油墨；通过施加压力，将图案印到面料上。

滚筒印花：滚筒印花适用于在大面积面料上创建连续、重复的图案，且衔接自然无痕。其高效特性使之成为批量生产的理想选择。

单色/独立印花：单色印花，即"独立印花"，用于制作单个独立的图案。操作方法包括先将图案印到转印纸上，再从反面转移至面料上，形成最终的印花效果。

手绘印花：手绘印花通过使用画笔、海绵等工具直接在面料上绘制图案，突显手工制作的独特魅力。然而，这种方法对于大面积或复杂设计而言较为耗时。

（二）装饰工艺

另一种在面料表面增添趣味设计元素的方法是装饰，而非仅仅局限于印花。装饰工艺能够为面料带来比印花更加立体且富有装饰性的外观效果。具体的装饰工艺包括刺绣、贴绣、剪切工艺、珠绣以及面料造型等。通过 AIGC 模拟不同的装饰和图案，设计师可以在不增加实际制作复杂性的情况下，探索多种设计可能性。

1. 刺绣

刺绣作为一种应用于面料表面的装饰手法，能够显著提升面料的外观效果。

手工刺绣：手工刺绣是一种传统技艺，体现了设计师的创造力和手艺水平。基本步骤包括选择合适的针法、线材和面料，然后按照设计图案进行缝制。在 AIGC 虚拟环境中，可以模拟手工刺绣的效果，如不同针迹的疏密、线条的粗细变化，以及多种颜色和质感的组合，实现高度逼真的虚拟展示。

机器刺绣：机器刺绣相较于手工刺绣更加高效和精确，适合工业化生产。在数字化设计中，可以利用 AIGC 技术模拟机器刺绣的各项参数，如针距、线速度等，以生成规整且多样化的图案。通过调整这些参数，还可以创新出新的针法效果，满足不同的设计需求。

刺绣的材料与技法选择：在虚拟环境中，可以轻松测试和比较各种线材（如棉线、丝线等）和面料（如绸缎、牛仔布等）的组合效果。不同材料的搭配会产生不同的视觉和触感体验，设计师可以通过 AIGC 快速预览这些效果，从而做出最佳选择。

2. 珠绣

珠绣在刺绣过程中必不可少地要使用珠子，每一个珠子都是通过缝线和面料固定在一起的。珠子可以是玻璃、塑料、木头、骨头、珐琅等一切可能的物品，它们的形状和大小也是各式各样的，包括粒状珠饰、管状珠饰、闪光亮片、水晶、宝石和珍珠等。珠绣给面料增添了更加炫目的肌理效果，在服装上使用玻璃珠子进行装饰时，可以给人以光亮、华丽的品质感。

法式珠绣是用针和线从正面将珠子缝制在面料上。将面料放置于绣花绷子上可以确保面料被绷紧，这样不仅使珠绣更容易一些，并且会让整个刺绣品完成得更专业。

绷缝珠绣是一种用钩针和链状线迹从面料反面将珠子和亮片缝制在面料上的工艺。这种方法比法式珠绣能更有效地使用珠子。

3. 贴绣

贴绣是指将一块面料缝制在另一块面料上作为装饰的工艺形式。对于作为图案的面料，如徽章，可以先进行珠绣和刺绣，然后再通过车缝贴绣于服装上。

4. 剪裁造型

面料也可以通过手工剪裁的方式来获得改观，剪切的边缘可以使用车缝线迹来防止其脱散。剪裁也可以借助于激光手段来实现，尤其是精致的图案纹样。激光也可以通过加热的方式将人造面料的边缘封住或者熔融，来防止其脱散。通过不同深度的激光处理还可以形成一种"烂花"的效果。

（三）面料染色工艺

面料染色是一项多样化的手工艺，主要包括匹染、扎染和蜡染等传统工艺。

匹染：在面料制造过程中，将整匹布进行统一染色，其特点颜色均匀，适合大批量生产，但不适合复杂图案设计。

扎染：通过折、绑、缝或压面料，限制染液与纤维的接触，从而形成独特图案，能创造丰富的纹理和层次感，是传统的手工艺。

蜡染：利用蜡质阻挡染色剂，蜡渗透纤维后进行染色，某些区域保持原色，形成独特图案，操作复

杂，成本较高，如印尼的 Batik。

贴花：在面料上贴上图案材料，然后进行染色或其他处理，适合精细图案设计，但需高精度设备。

平扎：类似于扎染，通过绑、折等方式限制染色区域，产生独特的纹理和效果，常见于日本服装。

蜡笔写画：用蜡笔在面料上绘图，然后进行染色，蜡阻隔染液，适合自由创作，但操作较为耗时。

自然染色：使用天然材料如植物、矿物等进行染色，环保，颜色柔和，但颜色牢度较差。

提示词：tie-dye clothing, vibrant colors, bohemian style, casual outfit, full body, artistic design, abstract patterns --v 6.0.（扎染服装，色彩鲜艳，波西米亚风格，休闲装，全身，设计艺术，图案抽象。）

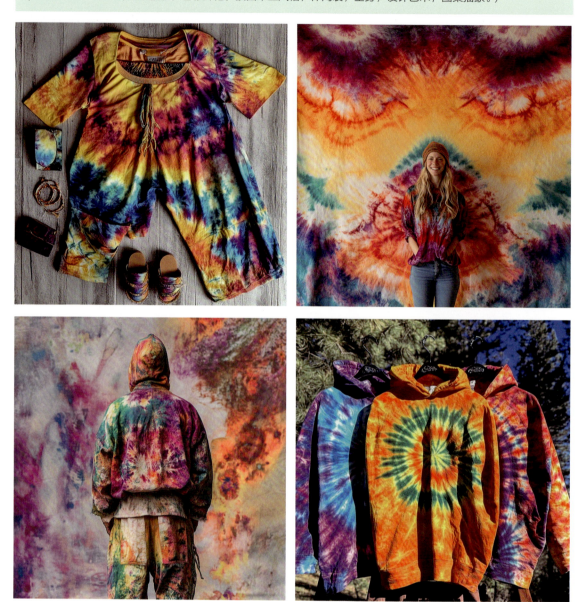

提示词：subtle tie-dye clothing, muted colors, elegant and understated design, high fashion runway style, full body portrait, minimalist aesthetic --ar 3:4 --v 6.0.（含蓄的扎染服装，柔和的色彩，优雅低调的设计，高级时尚的t台风格，全身写真，极简美学。）

提示词：embroidered clothing, intricate designs, colorful patterns, traditional style, elegant outfit, full body portrait --ar 3:4 --v 6.0.（刺绣服装，图案繁复，图案多彩，风格传统，服饰优雅，全身写真。）

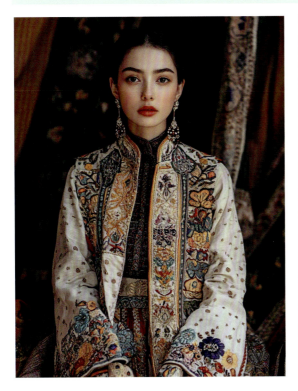

提示词：colorful,monochromatic shirts, various styles, elegant design, soft fabrics, high fashion, full body portrait, minimalist aesthetic --ar 3:4 --v 6.0.（色彩艳丽，单色衬衫，款式多样，设计优雅，面料柔软，时尚高级，全身写真，极简美学。）

第 4 章

AIGC在
虚拟时装秀中的应用

第一节　虚拟时装秀案例

设计师：林新严　姜羽玲　俞岩节　赵羚合

扫码观看视频

　　虚拟时装秀案例通过创新的技术流程，将静态设计转化为动态展示。首先，利用 Midjourney 生成多种视角的静态图片，包括近景、中景、远景和特写，这些图片不仅展现了服装的细节，还描绘了虚拟秀场的整体布局。随后，通过视频生成软件，将这些静态图片转化为连贯的动态画面，并添加适当的过渡效果，以确保视频流畅自然。

　　在后期制作阶段，对生成的视频进行剪辑和编辑，加入背景音乐、音效以及必要的视觉特效，使时装秀更加生动有趣。最终，这个虚拟时装秀案例成功地将设计师的创意转化为一个完整且吸引人的数字展示，不仅为品牌提供了创新性的展示方式，也为时尚行业的线上营销开辟了新的可能性。

一、服装灵感板设计

　　内容分析：本案例重点介绍如何使用 AI 软件（Midjourney）进行灵感板创作，包括软件登录、素材或文字的导入、根据设计主题进行描述调整、生成企划灵感板并保存。同时，还涵盖了如何根据需求修改关键词，以优化和调整生成的图片。

　　步骤一：打开 Discord 并进入 Midjourney 官方服务器。添加服务器之后，在聊天框中输入指令 /imagine，然后在提示框中输入 Prompt（描述图像的关键词）。

　　确认描述完整后，按回车键发送，Midjourney 将开始处理你的请求。

　　参数解析

　　--v 6：使用 Midjourney V6 版本，提升细节表现。

　　--ar 16:9：设置宽屏比例，更适合秀场大场景。

　　--s 250：风格化，图片的细节程度、材质、氛围的丰富程度。

　　提示词：Inspiration edition, graffiti runway art, street art fashion, abstract urban chaos, neon spray paint, collage aesthetics, black-and-white portrait fusion, cyberpunk grunge, vibrant textures, high fashion meets street culture, futuristic underground vibes, artistic rebellion, mixed media explosion, distressed textures, bold typography, expressive brushstrokes, avant-garde runway energy, color splashes and glitch effects, contemporary urban aesthetics --ar 16:9 --s 250 --v 6.1.（灵感板，涂鸦秀场艺术，街头艺术时尚，抽象城市混乱，霓虹喷漆，拼贴美学，黑白肖像融合，赛博朋克暗黑风，鲜明质感，高级时尚与街头文化交融，未来地下氛围，艺术叛逆感，混合媒介爆发，斑驳纹理，大胆字体，富有表现力的笔触，先锋秀场能量，色彩飞溅与故障特效，现代都市美学。）

提示框中输入 / imagine

输入描述灵感板的关键词

　　可以尝试不同关键词的组合，直到生成的图片符合你的预期。Midjourney 生成四张图片后，你可以：U1-U4：放大某一张图，V1-V4：基于某张图片重新变体，Re-roll（U4 之后的图标）：重新生成。

　　步骤二：当 Midjourney 生成了一系列图像后，如果结果不符合预期，或者想调整特定元素的效果，点击 V（Variation 变体）功能进行修改，以逐步优化图像，使其更符合你的设想。

　　步骤三：将图中黑白的人物变成彩色的

　　1. 找到对应的变体按钮在 Midjourney 生成的四张图下方，会看到"V1、V2、V3、V4"按钮（分别对应第 1~4 图片的变体），点击 V3。

　　2. 调整 Prompt 进行优化

　　如果仅使用"V"按钮仍然无法获得理想效果，可以修改 Prompt 重新生成。例如，原本的 Prompt 包含"black-and-white portrait fusion（黑白肖像融合）"，改为彩色"colorful portrait fusion（彩色肖像融合）"。

　　步骤四：生成的图变化后，可以从四张图中选择满意的一张，点击对应的 U 的编号进行放大，如"U4"。

　　Upscale (Subtle)（细微放大）：提高清晰度，同时尽量保持原图风格，使细节更加清晰锐利。

　　Upscale (Creative)（创意放大）：在放大的同时增加更多艺术性细节，可能会带来新的纹理、色彩或风格变化，使画面更具表现力。

　　Vary (Subtle)（细微变体）：生成与原图非常相似的变体，仅对细节、色彩或光影进行轻微调整。

Vary (Strong)（大幅变体）：生成更明显变化的版本，可能调整构图、风格或主要元素，使画面焕然一新。

Vary (Region)（局部变体）：选择图像的某个区域进行修改，仅调整该部分内容，而其他区域保持不变。

Zoom Out 2x / 1.5x（缩放画面）：向外扩展画面范围，使场景更加完整，适用于增加环境细节或构建更大的画面。

Custom Zoom（自定义缩放）：手动设定缩放比例，精确调整画面扩展程度。

图片生成，选择图片进行变化

修改关键词

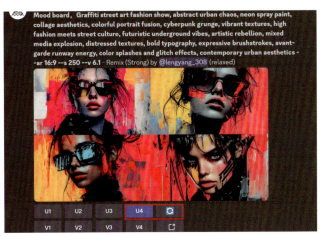

修改关键词

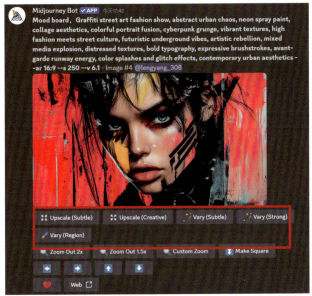

图片放大，可进行进一步调整变化

Pan Left / Right / Up / Down（平移画面）：向左、右、上、下扩展画面，补充新的画面内容，使构图更加丰富。

Make Square（生成方形）：调整图片为 1:1 方形，AI会自动补充边缘内容，适用于社交媒体或特定设计需求。放大图片后，还可以根据需求选择图片下的其他选项，对图像进行进一步调整，以优化最终效果。

步骤五：右键点击照片，选择"保存图片"，即可保存至电脑。

生成一组涂鸦字体，丰富涂鸦秀场灵感板，通过加入相关艺术家的风格来提升图像的整体效果，使其更符合预期。例如，可融入 Jean-Michel Basquiat（让－米歇尔·巴斯奎特）、Keith Haring（基思·哈林）、Banksy（班克西）等代表性涂鸦艺术家的元素，以增强艺术感和视觉冲击力，打造更具表现力的涂鸦秀场概念。

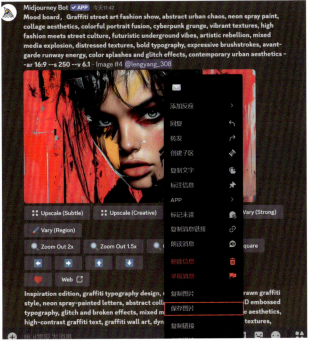

保存图片

提示词：IInspiration edition, graffiti typography design, street art lettering, hand-drawn graffiti style, neon spray-painted letters, abstract collage, cyberpunk elements, 3D embossed typography, glitch and broken effects, mixed media explosion, punk grunge aesthetics, high-contrast graffiti text, graffiti wall art, dynamic brushstrokes, vibrant textures, handwritten artistic fonts, avant-garde experimental typography, street culture symbols, street artist style, Jean-Michel Basquiat --s 250 --v 6.1.（提示词：灵感板，涂鸦字体设计，街头艺术字母，手绘涂鸦风格，霓虹喷漆字母，抽象拼贴，赛博朋克元素，3D 浮雕字体，故障与破损效果，混合媒介爆发，朋克暗黑美学，高对比度涂鸦文本，涂鸦墙艺术，动态笔触，鲜艳质感，手写艺术字体，先锋实验性排版，街头文化符号，街头艺术家风格，米歇尔·巴斯奎特。）

步骤六：最后，可以使用 PS 或 AI 等工具，将 Midjourney 生成的素材图（包括涂鸦人物、涂鸦字体等）进行整理和处理。根据主题风格，运用拼贴、图层叠加、色彩调整、纹理融合等技巧，使整体画面更加协调统一，最终形成完整的涂鸦秀场灵感板。

生成的涂鸦字体效果图

最终涂鸦秀场灵感板效果

二、服装效果图设计

本案例重点介绍如何使用 AI 软件（Midjourney）进行服装效果图设计，包括草图或文字的导入、根据设计主题进行描述调整、生成服装效果图并保存。同时，还涵盖了如何结合相关的秀场图片作为视觉参考进行垫图，提升效果图的准确性和表现力，使其更具专业性和实用价值。

提示词：fashion design sketches, streetwear concept art, bold hand-drawn outlines, abstract expressive brushstrokes, neon spray paint details, collage aesthetics, high-contrast urban textures, avant-garde silhouettes, punk and hip-hop influences, oversized street fashion, distressed fabric textures, glitch effects, mixed media illustration, rebellious and experimental fashion --ar 9:16 --s 250 --v 6.1.（时尚设计手稿，街头服饰概念艺术，大胆的手绘轮廓，抽象且富有表现力的笔触，霓虹喷漆细节，拼贴美学，高对比度的都市纹理，前卫廓形，朋克与嘻哈文化影响，宽松廓形街头时尚，做旧面料质感，故障艺术效果，混合媒介插画，叛逆且实验性的时装设计。）

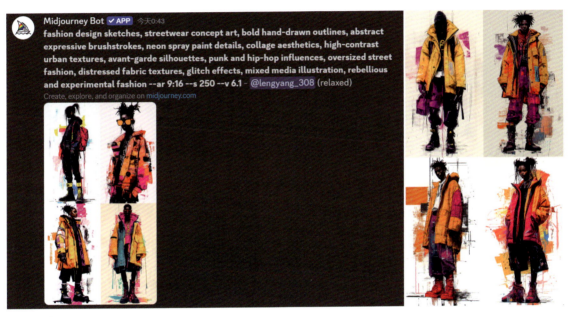

输入描述词生成的服装效果图

1. 参数解析

--v 6：使用 Midjourney V6 版本，提升细节表现

--ar 9:16：设定竖屏比例，适合服装设计稿

--s 250：风格化，图片的细节程度、材质、氛围的丰富程度

2. 垫图详解

为了更精准地实现理想的设计效果，可以使用"垫图（Image Prompting）"功能，将符合自己风格的秀场图作为参考，加上关键词描述，从而生成更符合预期的 AI 设计图像。

3. 选择合适的参考图

选择一张符合想要风格的秀场图片，可以是某个品牌的秀场造型、插画、概念设计图等。参考图的元素可以与目标设计方向匹配，例如解构主义剪裁、街头潮流、喷绘纹理、拼贴感等。

步骤一：上传图片

点击聊天框左侧的"＋"号键，选择"上传文件"，在电脑中选择好图片后按回车键上传。

上传图片

步骤二：复制图片链接。

右键点击图片，选择"复制链接"。

复制图片链接

步骤三：添加图片链接。

在聊天框中输入指令/imagine 后，将图片链接复制上去，链接后面需加英文逗号","，以分隔后续关键词描述。

聊天框复制图片链接

步骤四：输入关键词并发送指令。

链接复制完成后，将关键词描述输在后面。完成后按"回车键"发送指令，等待 Midjourney 生成设计图。

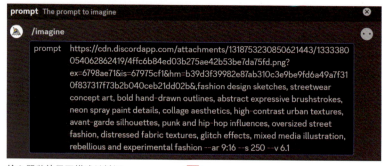

输入服装效果图描述关键词

垫图服装效果图生成效果

三、秀场静态画面生成

根据设计主题进行描述调整、生成秀场场景图、秀场空镜、模特走秀画面，以及不同角度、近景、远景等多种视觉表现方式，帮助更全面地呈现秀场设计效果。

提示词：IA fusion of high fashion and urban street art, the runway features sleek marblefloors contrasted with vibrant, abstract graffiti murals covering the walls. Thebackdrop showcases avant-garde graffiti designs in neon hues, blending withluxurious metallic accents. The lighting is precise and sophisticated, casting a softglow that highlights both the edgy street art and the high-fashion garments.Sculptural installations with graffiti-inspired motifs are strategically placedaround the venue, adding a layer of artistic refinement. The color palette mixesbold street art colors with luxurious blacks, golds, and silvers, creating a strikingjuxtaposition of rebellious energy and elegance. The overall atmosphere is bothbold and sophisticated, where street culture meets haute couture --ar 16:9 --s 250 --v 6.1.（一场融合高定时尚与都市街头艺术的秀场，跑道采用光滑的大理石地面，与墙面上充满活力的抽象涂鸦壁画形成鲜明对比。背景展示着前卫的霓虹色涂鸦设计，与奢华的金属质感元素交相辉映。灯光设计精准且极具格调，柔和的光影既凸显了街头艺术的张力，也烘托出高定服饰的精致感。秀场内巧妙地布置了带有涂鸦风格的雕塑装置，为整体空间增添了一层艺术感。色彩搭配上，大胆的街头艺术色调与奢华的黑色、金色、银色相结合，形成了一种叛逆与优雅并存的强烈视觉对比。整体氛围既大胆又精致，完美呈现了街头文化与高级时装的碰撞与融合。）

聊天框输入秀场描述词

正面居中镜头

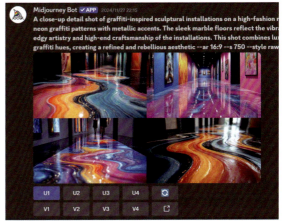

地面近景特写镜头

四、模特走秀画面生成

在使用 Midjourney 生成涂鸦秀场模特走秀部分时，需要通过精确的关键词（Prompt）来描述场景的每个元素，包括模特、服装、背景、灯光等。下面是一个详细的生成过程，帮助你创建出一个充满街头艺术感与高端时尚融合的走秀场景。

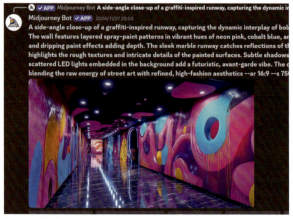

侧面近景镜头

模特走秀半侧中景生成图

提示词：IA fusion of high fashion and urban street art on the runway, featuring a half-side medium close-up of a fashion model in avant-garde, graffiti-style clothing. The runway has sleek marble floors contrasted with vibrant, abstract graffiti murals on the walls. Avant-garde graffiti designs in neon hues blend with luxurious metallic accents in the backdrop. Precise, sophisticated lighting casts a soft glow that highlights the edgy street art and high-fashion garments. Sculptural installations with graffiti-inspired motifs are placed around the venue, adding artistic refinement. The color palette combines bold street art colors with luxurious blacks, golds, and silvers, creating a striking juxtaposition of rebellious energy and elegance. The atmosphere is both bold and sophisticated, merging street culture with haute couture. （一场融合高定时尚与都市街头艺术的秀场，镜头聚焦于一位模特的半侧中景，穿着前卫的涂鸦风格服装。跑道采用光滑的大理石地面，与墙面上充满活力的抽象涂鸦壁画形成鲜明对比。背景中，霓虹色的前卫涂鸦设计与奢华的金属质感元素相融合。精准且精致的灯光投射出柔和的光辉，凸显了街头艺术的张力与高定服饰的精致感。秀场内布置了带有涂鸦风格的雕塑装置，增添了艺术的精致感。色彩搭配上，大胆的街头艺术色调与奢华的黑色、金色、银色相结合，形成了叛逆与优雅的强烈对比。整体氛围既大胆又精致，完美呈现了街头文化与高级时装的融合。）

模特走秀背影镜头

模特走秀半侧中景镜头

metallic elements in the background. Sculptural installations inspired by graffiti motifs are strategically placed arou adding a touch of artistic refinement. Sophisticated lighting casts a soft glow that accentuates the model's full outfit highlighting the intricate graffiti patterns and edgy, high-fashion design. The color palette combines bold street art c luxurious blacks, golds, and silvers, creating a striking balance between rebellious energy and elegance. The atmosph yet refined, merging street culture with haute couture --v 5.0 --ar 16:9 --s 750 - @lengyang_308 (fast)

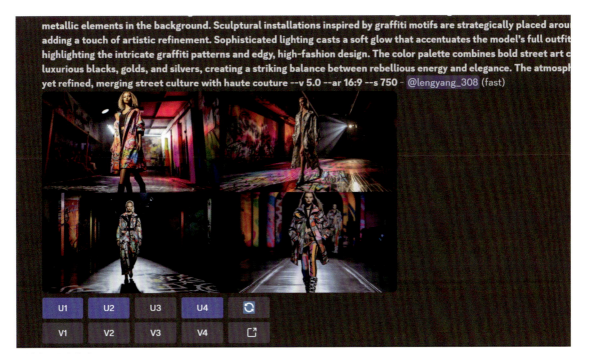

模特走秀全身镜头

低角度仰视镜头　　　　　　　　　　　　　　　　　　正面半身镜头

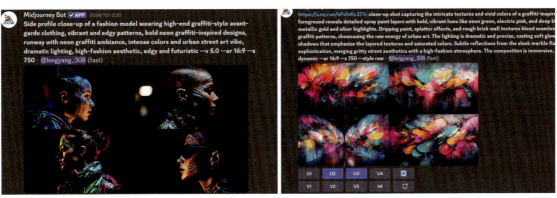

模特侧面近景镜头　　　　　　　　　　　　　　　　　秀场空镜近景镜头

五、模特走秀从图像到视频的画面生成

使用软件可灵生成涂鸦秀场模特走秀的视频部分，将静态的服装设计图像转化为生动的动态视频，可以使得秀场服装概念更直观地呈现，增强视觉吸引力，模拟T台走秀、服装动态展示。

1. 基本运镜在描述词中的运用

在视频生成过程中，合理的运镜技巧能有效提升视频质量，使服装的质感、细节和氛围更加突出。结合推拉镜头、平移、升降、旋转、缩放等基本运镜手法，进一步增强视觉表现力。

推镜头（Dolly In）—— 突出服装细节，镜头逐渐向前推进，聚焦服装局部，如刺绣、剪裁等。示例："镜头推进至礼服腰部，展现刺绣和手工钉珠的光泽感。"

拉镜头（Dolly Out）—— 展示整体造型，镜头从近处拉远，呈现完整服装造型或整体场景。示例："从裙摆细节拉远，展现整条裙子的飘逸感。"

平移镜头（Pan）—— 跟随模特动态，镜头水平移动，跟随模特步伐，使画面更具临场感。示例："模特从左至右走过镜头，涂鸦背景缓慢变化。"

升降镜头（Tilt）—— 强调服装立体感，镜头上下移动，展现服装的层次和剪裁。示例："镜头从鞋子逐步上移，展现风衣的修长剪裁。"

旋转镜头（Rotation）—— 360°全方位展示，镜头围绕服装旋转，展示剪裁与面料。示例："镜头围绕服装旋转，展现丝绸的光泽和纹理。"

缩放镜头（Zoom）—— 强调局部亮点，调整焦距，放大或缩小特定细节，如领口、纽扣等。示例："慢慢放大至胸口刺绣，展示金线的精致工艺。"

2. 案例详解

步骤一：打开可灵的"图生视频"，上传要转换成视频的图片。

步骤二：运用推镜头（Dolly In）。输入描述词。一位模特在T台上走秀，镜头由远景向前推进，从全身过渡到半身特写，聚焦于模特自信的神情与服装的细节。

运用平移镜头（Pan）

　　描述词：一位模特在 T 台上走秀，镜头从左至右平移，服装在模特的行走中飘动起来，展现出服装的细节和模特的气场。

运用升降镜头（Tilt）

　　描述词：一位模特在 T 台走秀，站定后，镜头由下至上缓缓上移。从鞋履到服装的剪裁细节，逐步展现整体造型的层次感与气场。

　　步骤三：调整参数，优化视频。

　　生成视频后，可以根据视频出现的问题，适当调整参数设置和生成模式，以优化视频质量。根据需要调整视频时长、光影效果、运动幅度和细节清晰度，确保画面流畅并突出服装细节。同时，通过"不希望呈现的内容"的对话框描述出问题，例如避免变形、扭曲、低画质等，确保生成的视频符合预期的质量和视觉效果。

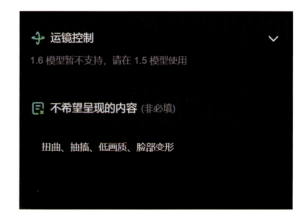

第二节　特色主题设计案例

二十四节气虚拟时尚秀：漫叙

扫码观看视频

设计师：杜佳瑞　刘芯蕊　邵楚尧

软件：Midjourney，Runway

　　"二十四节气"反映了大地万物的运行规律，在国际气象界被誉为"中国的第五大发明"，深刻地影响着东亚国家的农业文明，对其民族性格和社会文化形成，有着长达千年的潜移默化的作用。

　　"二十四节气"文化有着凝聚族群、和谐天人的重要意义，也成为世界华人的共情基础，是中华民族文化认同的重要载体，能成为世界非物质文化遗产是其巨大价值的体现。

灵感介绍

　　从二十四节气鲜花令中汲取灵感，融合自然与人文交织的内核，将节气的鲜花与配色化作设计语言，捕捉了二十四节气的别样之美，通过丰富的视觉层次展现。作品承载着自由与活力的精神，带来独特的视觉与情感体验。

山海经主题虚拟时尚秀：山海绘卷

设计师：吕子晧　张松炎

软件：Midjourney，可灵

扫码观看视频

　　《山海经》是一部先秦古籍，记载了丰富的神话传说、地理知识、动植物和矿物等内容，是华夏先民奇幻瑰丽想象的结晶。它不仅是一部地理志，更是一部充满神秘色彩的神话宝库。本次虚拟时尚秀以《山海经》为灵感，旨在通过现代时尚设计和虚拟技术，重新诠释这部古老典籍中的奇幻世界，展现中国传统文化与现代科技的完美融合。

灵感介绍

　　神话传说：《山海经》中的神话故事如"精卫填海""夸父追日""女娲补天"等，充满了坚韧不拔、追求梦想和自我超越的精神。这些故事为时尚秀提供了丰富的灵感来源，设计师通过服装设计传达这些精神内涵。

　　神兽形象：《山海经》中记载了众多奇异的神兽，如麒麟、凤凰、穷奇等。这些神兽的形象被巧妙地融入服装设计中，通过刺绣、印花等工艺手法，赋予服装神秘而独特的魅力。

　　自然元素：《山海经》中的山川、河流、花草等自然元素，为设计师提供了丰富的设计素材。设计师通过色彩、图案和材质的选择，将自然之美与时尚设计相结合，展现出人与自然的和谐共生。

海派文化建筑系列

设计师：陈粲　白力同　王雨涵
软件：Midjourney , Runway

扫码观看视频

　　本系列深受海派建筑文化的现代气息与独特韵味启发，秉持"海纳百川，创新融合"的核心理念，致力于通过现代服饰语言，展现东西方文化在新时代背景下的交融与创新。设计中，我们大胆地将西方现代服饰的简洁结构与东方文化的深邃意蕴相结合，以黑白灰为基础，营造出既前卫又不失文化底蕴的视觉效果。设计细节上，我们借鉴新古典主义的简约美学，同时融入现代剪裁技术，以流畅的线条勾勒出身体轮廓，既致敬传统文化，又彰显现代审美趋势。

　　本系列服装设计，不仅是对海派建筑文化现代感的一次深度挖掘，更是对东西方文化在现代语境下融合创新的积极探索。旨在通过服装这一现代载体，让更多人感受到海派文化的时代活力与独特韵味，开启一场跨越时空、连接传统与未来的美学之旅。

　　邬达克 (1893 年 -1958 年)，旅居上海的匈牙利籍著名建筑师。他一生在上海设计的建筑数以百计，许多都被列为历史保护建筑。民国时代，许多达官显贵都以拥有一套邬达克设计的住宅为荣。

　　著名的建筑作品如国际饭店、大光明电影院、华东医院、沐恩堂、武康大楼、"万国弄堂"（现新华别墅）等保留至今，具有很高的纪念意义与学习价值。

效果图设定

东方花鸟

设计师：刘欣雨 吴牧瑶 杨柳 时钰熙

软件：Midjourney，Runway

扫码观看视频

绸和漆器流行的热潮，带动了许多英国设计师和工匠模仿亚洲设计，并创造他们自己的东方幻想版本。

东方花鸟纹，指的是一种传统中国艺术中的图案或装饰，常见于绘画、瓷器、丝绸等领域。它通常以工笔或写意的方式描绘花鸟，具有一定的文化内涵和艺术价值。

 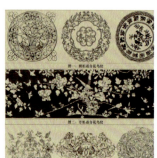

花鸟纹的历史

新石器时期彩陶的诞生使花鸟纹初见端倪；商周时期，纹样大多以浮雕形式出现且大多和祭祀有关；从商代到春秋战国时期，原始瓷器上的纹样也在逐步变化，有方格纹、锯齿纹、叶脉纹等；汉代瓦当有青龙、白虎、朱雀、玄武等纹样；南北朝时期鸟雀辟邪等有特殊寓意的纹饰也相继出现；唐朝崇尚花鸟纹，开启了花鸟纹的装饰时代，丝绸之路带来的中亚、西亚的装饰图案也推动了花鸟纹的发展；宋代花鸟纹清新淡雅，图案结构紧凑且典雅端庄，含蓄严谨；元代花鸟纹发展较成熟，形成单花、多花、花鸟组合的图案，纹样之间相辅相成，其风格手法在明清时期得到继承和发展。

法式中国风

Chinoiserie 是在 18 世纪欧洲曾掀起过的轰轰烈烈的中国风热潮，上至贵族，下至平民都把中式当作主流的时尚，这种对中国风的疯狂痴迷造就了一种中西合璧的中式洛可可风格，即欧洲本土化的中国风 "Chinoiserie"，充斥在欧洲的各个角落。法式中国风是一种受中国、日本和其他亚洲国家的艺术和设计启发的风格，从中国和日本进口的瓷器、丝

青花瓷纹样

青花瓷是中国瓷器中的珍品，源于唐宋，工艺精湛，色彩鲜艳，具有重要文化和艺术价值。明清时期达到巅峰，影响深远。图案丰富多彩，有花鸟、山水、人物、动物等多个主题，每个主题都有着不同的文化内涵和表现形式。画面精美细腻，色彩明艳，具有很高的艺术价值。

128　AIGC 虚拟时尚设计基础

云端水晶：未来时尚的交响曲

设计师：于蔚晴　周子茜　郝一伟

软件：Midjourney，Runway

扫码观看视频

　　将自然云纹的流动美与未来科技的水晶质感相结合，创造出一种超现实而又亲切的时尚体验。这个主题旨在探索传统与未来的创新发展，以及它们在时尚设计中的无限可能。

设计元素

云纹图案：在服装上使用云纹印花或刺绣，以及云朵形状的立体装饰。

水晶结构：在服装的关键部位，如肩部、腰部和裙摆，使用水晶或类似水晶的材料来创造焦点。

未来感剪裁：采用不对称设计、几何形状和流线型剪裁，以强调未来主义风格。

秀场布置

云纹背景：使用投影技术在秀场背景上展示流动的云纹图案。

水晶装置：在秀场中设置水晶雕塑或装置艺术，以增强未来感。

灯光：使用偏冷色调的灯光，如蓝色和银色，以及动态灯光效果，以突出服装的水晶质感。

祭祀 · 女巫系列

设计师：蔡艺 许滢滢 闫云琦
软件：Midjourney，可灵

扫码观看视频

古人认为，世界的一切变化，背后都是神灵的力量在推动。所有早期文明社会都认为世界由神创造，世界秩序由神维持，世界的运转由神驱动，所有人类生产活动，包括农业生产、手工业生产、人类自身的再生产，以及生产所需的原料、环境，无一不和神有关系。

早期文明使用人来祭祀是比较普遍的，但是不同文明的价值观不同，人祭的流行程度也不同：埃及和两河的文化特别重视用动物祭祀，所以用人祭祀的现象就不太普遍，流行时间就短；而玛雅和阿兹特克文化对人的鲜血特别重视，认为人的血液是补充神力最好的祭品，用人祭祀的规模也就大，仪式也就发达。在原始社会，人与神的地位相当，巫术是主流。女巫可以与神灵沟通、预言、使用法术、观测天象等，承担着治病、接生、占卜等社会责任，被认为是宗教神的使者。在中国古代，"巫"的概念很早就存在。《说文解字》中记载"巫，祝也。女能事无形，以舞降神者也，象人两袖舞形"。

距今七千年到六千年间，中国大陆上一些发展程度较高的部落相继出现这类地位远高于普通族众的卡里斯玛型的部落首领。例如濮阳西水坡墓地中被龙虎塑像夹伴的墓主，生前就很可能是既掌神事又掌民事的部落首领，而不是一般的巫师，因为很难想象在他之上还有权力更高的世俗领袖。

随着部落规模的扩大和社会分工的发展，在部落首领包括那些卡里斯玛型的领袖人物之外，专门从事宗教巫术活动和其他文化事业的巫师开始成为一个相对独立的阶层，这时才有了真正意义上的专职巫师。

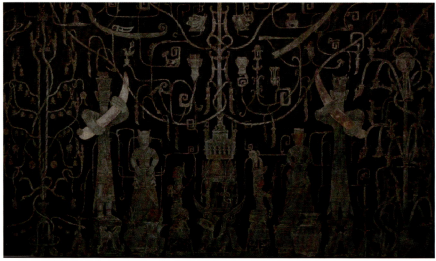

左图为三星堆壁画创作《蚕丛鱼凫之祭》。作品结合了广汉三星堆遗址的考古发现，表现古蜀人营造的神话世界和思想精神，以三棵天梯神树为中心，即以扶木、建木、若木相互交织的场景来表现古蜀文明中对天地时空的理解，画中有太阳鸟、祖先神、古蜀王、青铜立人，兽首像等，体现了古蜀王国的神灵信仰、宗教活动和祭祀仪式的场景。